共面波导馈电平面天线

张 厚 著

西安电子科技大学出版社

内 容 简 介

全书主要讨论共面波导馈电的平面天线。书中首先阐述了共面波导结构的特点、共面波导馈电平面天线的种类及其发展现状；接着对渐变开槽天线、多模天线、单极子天线、圆极化天线等几种典型的共面波导馈电的天线进行了论述；最后介绍了一种新结构 UC-PBG 在共面波导中的应用以及 FDTD 计算方法在共面波导中的应用。本书内容不仅涉及了当前本学科的热点问题，而且也介绍了共面波导结构的新应用。

本书可供微波技术与天线工程技术人员使用，也可以作为高等院校电子类专业高年级本科生和研究生的教材和参考用书。

图书在版编目(CIP)数据

共面波导馈电平面天线/张厚著. —西安：西安电子科技大学出版社，2014. 3
ISBN 978 - 7 - 5606 - 3268 - 1

Ⅰ. ① 共…　Ⅱ. ① 张…　Ⅲ. ① 共面波导—天线馈源—平板天线　Ⅳ. ① TN821

中国版本图书馆 CIP 数据核字(2014)第 018213 号

策划编辑　云立实
责任编辑　云立实　张俊利
出版发行　西安电子科技大学出版社(西安市太白南路 2 号)
电　　话　(029)88242885　88201467　邮　编　710071
网　　址　www.xduph.com　　　电子邮箱　xdupfxb001@163.com
经　　销　新华书店
印刷单位　陕西华沐印刷科技有限责任公司
版　　次　2014 年 3 月第 1 版　2014 年 3 月第 1 次印刷
开　　本　787 毫米×960 毫米　1/16　印张　11
字　　数　194 千字
印　　数　1～2000 册
定　　价　25.00 元
ISBN 978 - 7 - 5606 - 3268 - 1/TN
XDUP　3560001 - 1

＊＊＊如有印装问题可调换＊＊＊

本社图书封面为激光防伪覆膜，谨防盗版。

前　言

　　近年来，由于微带线结构在天线中的应用日趋完善，人们把更多的注意力转移到了共面波导结构，以寻求天线的新进展，其中关于共面波导馈电超宽带天线的研究成为当前学术界的一个热点，相关的文献也是层出不穷。共面波导作为一种平面传输线结构，不仅具有微带线结构的低剖面、低成本和易共形等优点，还具有自身低色散性、易集成和低传输损耗等优势。本书以共面波导结构作为论述的纽带，主要涉及到共面波导馈电的渐变开槽天线、多模天线、单极子天线、圆极化天线以及新结构 UC－PBG 和 FDTD 计算方法在共面波导中的应用等，全书内容不仅涉及当前学科的热点问题，而且也介绍了共面波导结构的新应用。

　　全书共分为 7 章。第 1 章为概述，阐述了共面波导结构的特点、共面波导馈电平面天线的种类及其现状；第 2 章介绍了共面波导馈电渐变开槽天线，给出了天线的结构、分析、仿真结果与测试结果；第 3 章为共面波导馈电的双模天线，在介绍共面波导传输模式及空气桥电路分析的基础上，设计了一种双模天线；第 4 章论述了共面波导馈电的单极子天线，首先介绍了平面单极子超宽带天线及其设计原理，其次对其进行结构设计，最后对其时域和频域特性进行了分析讨论；第 5 章对共面波导馈电圆极化天线进行了论述，从圆极化天线产生的机理出发，首先介绍了平面天线实现圆极化的方法，其次论述了一种共面波导馈电的圆极化缝隙天线，最后研究了 I. Jen Chen 提出的圆极化天线阵，并结合顺序旋转馈电技术，分析了一种改进的天线；第 6 章论述了 PBG 结构在共面波导结构中的应用，首先对背面金属支持共面波导结构做了简单分析，在此基础上，引出了一种新结构 PB－CPW，接着分析了共面形光子晶体结构的特性，最后，给出了新结构 PB－CPW 的几种应用；第 7 章为 FDTD 方法在共面波导结构中的应用，首先对麦克斯韦方程及其 FDTD 形式、数值稳定性条件、吸收边界的设置、共面波导端口激励设置、局部共形 FDTD、近远场外推技术等几个关键技术加以论述，在此基础上，给出了共面波导馈电双频天线的 FDTD 分析。

本书是作者近几年所做工作的归纳和总结，研究生王剑、徐海洋和杨自牧对书中的算例进行了仿真和分析并协助撰写了部分内容，在此表示感谢。

由于作者水平有限，书中难免存在不足，恳请读者给予批评指正。

作　者

2013 年 12 月

目　　录

第 1 章　概述 ……………………………………………………（ 1 ）

1.1　共面波导结构特点 ……………………………………（ 1 ）

1.2　共面波导变形结构 ……………………………………（ 3 ）

1.3　共面波导馈电平面天线的种类及其现状 …………（ 4 ）

1.3.1　共面波导馈电宽带天线 …………………………（ 4 ）

1.3.2　共面波导馈电圆极化天线 ………………………（ 10 ）

1.3.3　共面波导馈电多模天线 …………………………（ 13 ）

第 2 章　共面波导馈电渐变开槽天线 …………………（ 14 ）

2.1　引言 ………………………………………………………（ 14 ）

2.2　槽线的基本特性 ………………………………………（ 14 ）

2.3　共面波导至槽线的转接器 …………………………（ 16 ）

2.3.1　共面波导的基本特性 ……………………………（ 16 ）

2.3.2　共面波导至槽线转接器的形态 …………………（ 17 ）

2.3.3　非均衡共面波导至槽线的宽频转接器 ……（ 23 ）

2.3.4　非均衡宽频转接器的设计 ………………………（ 24 ）

2.3.5　宽频转接器的测量结果 …………………………（ 29 ）

2.4　渐变开槽天线的设计准则 …………………………（ 31 ）

2.5　渐变开槽天线 …………………………………………（ 33 ）

2.5.1　天线结构 …………………………………………（ 34 ）

2.5.2　天线的特性分析 …………………………………（ 35 ）

2.5.3　天线的栅栏优化分析 ……………………………（ 38 ）

2.5.4　仿真与测试结果 …………………………………（ 40 ）

2.6　本章小结 ………………………………………………（ 44 ）

第3章　共面波导馈电的双模天线 ·················（45）

3.1　引言 ·················（45）

3.2　共面波导的传输模式 ·················（45）

3.3　空气桥电路的分析 ·················（47）

3.4　双模天线的设计 ·················（50）

　　3.4.1　辐射部分 ·················（50）

　　3.4.2　馈源部分 ·················（52）

　　3.4.3　双模天线的整体结构 ·················（55）

　　3.4.4　应用前景 ·················（59）

3.5　本章小结 ·················（60）

第4章　共面波导馈电的单极子天线 ·················（61）

4.1　引言 ·················（61）

4.2　平面单极子超宽带天线 ·················（61）

　　4.2.1　平面单极子超宽带天线概述 ·················（61）

　　4.2.2　平面单极子天线的设计原理 ·················（62）

4.3　天线结构 ·················（63）

4.4　结果与讨论 ·················（66）

　　4.4.1　频域特性 ·················（66）

　　4.4.2　时域特性 ·················（70）

4.5　本章小结 ·················（73）

第5章　共面波导馈电的圆极化天线 ·················（74）

5.1　引言 ·················（74）

5.2　平面天线圆极化实现方法 ·················（74）

5.3　圆极化缝隙天线设计的基本思想 ·················（75）

5.4　天线结构 ·················（79）

5.5　天线结构参数的仿真分析 ·················（80）

　　5.5.1　圆形缝隙半径大小对天线性能的影响 ·················（80）

　　5.5.2　矩形枝节位置 L_1 对天线性能的影响 ·················（81）

　　5.5.3　杯形枝节对天线性能的影响 ·················（82）

5.6　天线性能分析 ·················（83）

5.7　圆极化缝隙天线的制作与测试 ································（86）

5.8　CPW 馈电圆极化天线的研究 ······························（89）

　　5.8.1　I.Jen Chen 提出的圆极化天线 ··················（89）

　　5.8.2　共面波导-槽线的 T 型电路模型 ················（90）

　　5.8.3　共面波导-槽线的 T 型电路的优点 ············（91）

5.9　顺序旋转馈电技术 ··（94）

　　5.9.1　顺序旋转馈电技术的定义 ····················（94）

　　5.9.2　顺序旋转馈电技术的特点 ····················（94）

　　5.9.3　顺序旋转馈电技术的理论证明 ················（95）

5.10　采用顺序旋转馈电的 I.Jen Chen 天线 ··············（98）

　　5.10.1　天线结构 ·································（98）

　　5.10.2　结果与讨论 ······························（100）

5.11　本章小结 ··（103）

第6章　PBG 结构在共面波导中的应用 ·····················（104）

6.1　引言 ··（104）

6.2　背面金属支撑共面波导结构 ······························（104）

　　6.2.1　CB－CPW 传输线 ·························（104）

　　6.2.2　CB－CPW 的传输特性 ····················（105）

　　6.2.3　CB－CPW 特性阻抗分析 ··················（111）

　　6.2.4　抑制平行板模式的方法 ····················（112）

6.3　共面形光子晶体结构的特性研究 ························（116）

　　6.3.1　共面紧凑型光子晶体 ······················（116）

　　6.3.2　确定 UC－PBG 带隙的等效电路模型 ·········（117）

　　6.3.3　确定 UC－PBG 带隙的数值计算方法 ········（120）

6.4　PB－CPW 传输结构在天线中的应用 ··················（126）

　　6.4.1　PB－CPW 结构的提出 ····················（126）

　　6.4.2　PB－CPW 的传输特性 ····················（127）

　　6.4.3　PB－CPW 应用实例 1 ····················（131）

　　6.4.4　PB－CPW 应用实例 2 ····················（134）

　　6.4.5　PB－CPW 应用实例 3 ····················（138）

6.5　本章小结 ·· (140)

第7章　FDTD 在共面波导中的应用 ······················ (142)

7.1　引言 ·· (142)

7.2　运用 FDTD 计算共面波导的关键技术 ················ (142)

　　7.2.1　麦克斯韦方程及其 FDTD 形式 ··············· (142)

　　7.2.2　数值稳定性条件 ························· (144)

　　7.2.3　吸收边界的设置 ························· (144)

　　7.2.4　共面波导端口激励设置 ···················· (145)

　　7.2.5　局部共形 FDTD ························· (148)

　　7.2.6　近远场外推技术 ························· (150)

7.3　共面波导馈电双频天线的 FDTD 分析 ················ (150)

　　7.3.1　共面波导馈电双频天线 ···················· (150)

　　7.3.2　FDTD 计算模型 ······················· (151)

　　7.3.3　FDTD 计算结果 ······················· (152)

7.4　本章小结 ·· (154)

参考文献 ·· (155)

第1章 概　　述

随着航空和航天技术的发展，对微波天线和整个系统要求做到小型、轻量和性能可靠。首当其冲的问题是要有新的导波系统，而且该系统应为平面型结构，以便使微波电路和系统能够集成化[1]。在这种迫切的要求下，微带传输线结构应运而生，并以其低剖面、低成本和易共形等诸多优点而逐渐得到了广泛的重视。从 1970 年出现第一批实用的微带天线[2-3]之后，微带天线的研究就有了迅猛的发展，新型式和新性能的微带天线不断涌现，在国内外，大量的有关学术论文和研究报告不断发表，并召开了专题会议以及出版了很多专集[4]。

在微带传输线蓬勃发展的同时，其他型式的平面传输线也陆续被提出，主要包括鳍线、槽线、悬置微带、共面波导线和共面带状线等。由于以上平面传输线的提出正是微带线研究如火如荼的时候，因此，相应的研究比较少，相应的理论也没有微带线那么完善。但是，由于其独特的优点，共面波导在近几年受到了愈来愈多的重视。

1.1　共面波导结构特点

共面波导(简称为 CPW)结构是 1969 年由 C. P. Wen 教授首先提出来的一种集成传输线[5]，它是由介质基片上的中心导带和中心导带同一侧的两个接地导电平面构成的，其结构如图 1.1-1 所示，其主模仍然是准 TEM 波。由图可知，CPW 具有与有源器件、无源器件连接十分方便的优点，不需要在介质基片上打孔。CPW 具有椭圆极化磁场，因此也可以制成非互易铁氧体器件。由于 CPW 与传统微带线相比有着诸多方面的优点，所以它受到了学术界的重视。Wen 采用准 TEM 的近似方法研究了这种对称结构的 CPW，并设计了 CPW 定向耦合器[6]。但是，Wen 的分析是在假定介质基片厚度为无限大的情况下进行的。1973 年，M. E. Davis 等学者按照介质基片为有限厚度，采用保角变换理论分析了 CPW 的特性，使所得结果更加准确[7]。

图 1.1-1　CPW 结构示意图

后来许多学者对这种 CPW 进行了研究。J. B. Knorr 对 CPW 进行了全波分析，并讨论了特性阻抗的计算方法[8]；Gopinath 计算了对称 CPW 的损耗，计算结果表明，在特性阻抗的很大范围内，CPW 的损耗都远小于微带线[9]；法国学者 C. Veyres 等采用保角变换技术分析了有限宽度的 CPW[10]。随着对 CPW 研究理论的发展，由 CPW 构成的天线也得到了重视，特别是在 1990 年以后，有关 CPW 的学术论文数量也逐年增加。

CPW 有以下优点：首先，CPW 的地与信号线位于介质板的同一层，容易实现与其他微波器件的串联或者并联连接，而不必在基片上钻孔，进而可以实现电路的小型化和信号的完整性；同时，寄生参量小；很容易提高集成电路密度。其次，CPW 传输线的色散特性也优于微带线，适于在电路和天线宽带化中的应用；而且，CPW 的辐射损耗也相对较小，可以提高天线的极化纯度和工作效率。最后，CPW 可以传输奇模式与偶模式，增加了天线设计的灵活性。

CPW 的色散特性优于微带线，说明共面波导传输线更适合于微波器件的宽频化。通过选取不同的天线结构，当采用 CPW 馈电时可以拥有更加优越的特性。阮成礼教授和 R. Chair 教授分别在文献[11]和文献[12]中比较了共面波导馈电超宽带天线与微带线馈电超宽带天线的特性。其中，文献[11]说明，对于图 1.1-2 所示的天线结构，相对于微带线馈电，采用共面波导馈电可以具有更宽的工作频带（大于 158%），而且，其辐射的远场方向图具有更好的对称性。文献[12]说明，对于同样的矩形缝隙天线（如图 1.1-3 所示），采用共面波导馈电的天线可以达到 120%带宽，而采用微带线馈电的天线为 110%带宽，共面波导馈电具有更宽的频带特性。从以上的结论可以看出，共面波导在天线设计中有着广阔的应用前景。

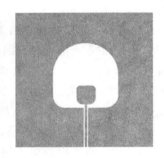

图 1.1-2　文献[11]中比较的两个天线

在实际应用中，对于共面波导的研究具有很重要的意义，主要体现在以下几个方面：① 共面波导馈电的超宽带天线以其宽频带、易加工和仅需要单一金属层等优点而得到重视；② 共面波导可以传输奇模式和偶模式，对于新型天线

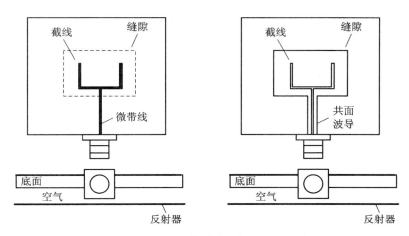

图 1.1-3　文献[12]中比较的两个天线

的研究也成为现实；③ 随着新结构与新概念的提出，例如光子晶体和左/右手介质，均促进了新型 CPW 结构的发展；④ 随着共面波导在工程中的广泛应用，采用时域有限差分法计算 CPW 电路成为分析天线特性的一个主要方法，特别是对天线时域特性的分析。相对于微带线来说，共面波导结构仍处在发展阶段，还有许多特性和应用有待于研究人员去探索。

1.2　共面波导变形结构

随着 MMIC(单片微波集成电路)的迅速发展，使 CPW 的应用有了较广阔的前景，从而激发了国内外学者研究 CPW 的兴趣。随着研究的深入，许多学者又提出并分析了以下几种变形结构的 CPW。

1981 年法国学者 V. Fouad Hanna 首先提出了 ACPW 的概念并研究了介质基片为有限厚度和无限厚度的两种 ACPW[13][14]。

1981 年 S. Seki 等人提出了低损耗慢波 CPW 概念[15]。

由于 Wen 提出的 CPW 的三个导体均在介质基片的同一侧，所以为微波电路中有源器件的安装提供了极大的方便。然而，这种 CPW 不易消除有源器件散发的热量。为了解决这一问题，1982 年 Shih 和 Itoh 博士提出了在介质基片背后增加金属接地板支撑的方法[16]，它不但提高了电路的功率容量而且增加了电路的机械强度。

1989 年 Alessandri 提出了悬置 CPW[17]；上海交通大学周希朗教授采用近似的保角变换方法对全屏蔽 CPW 进行了准静态分析[18]。

1994 年日本学者提出并研究了两个侧边屏蔽的 CPW[19]，对有效介电常数进行了计算和测量。

1999 年大连海事大学房少军教授采用保角变换方法对带金属底板的 ACPW 进行了准静态的分析与研究[20]，并给出了场结构图。

2005 年西班牙学者 L. J. Rogal 等人首先研究了由左手介质构成的 CPW，并给出了该传输线的等效电路[21]。

2007 年，S. Seo 等人引入了 Inkjet Printing 技术来加工 CPW 电路和设计应用于 RFID 领域的天线[22]。

随着新型 CPW 结构的提出，各种高性能的天线也相继被提出[23-28]，同时，关于新型 CPW 结构的理论也逐步得到了完善。

图 1.2 - 1 为几种改进的 CPW 结构横截面示意图。

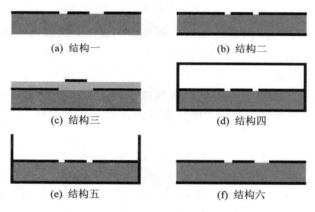

(a) 结构一　　　　　　　(b) 结构二

(c) 结构三　　　　　　　(d) 结构四

(e) 结构五　　　　　　　(f) 结构六

图 1.2 - 1　共面波导的多种变形结构

1.3　共面波导馈电平面天线的种类及其现状

根据 CPW 结构的特点，其馈电的平面天线主要包括宽带天线、圆极化天线、多模天线等，其中 CPW 馈电的宽带天线又分为单极子天线、缝隙天线等，宽带天线是应用较多的一种天线。

1.3.1　共面波导馈电宽带天线

超宽带天线是电子信息战中电子对抗设计的关键部件，在冲激雷达等时域系统中获得了广泛应用。随着高速电子集成电路的快速发展，为适应小型集成化的需求，超宽带平面天线的研究与应用引人瞩目。1990 年，R. N. Simons 等人设计了 CPW 馈电的相控阵天线[29]；1991 年，Menzel. W 等人设计了 CPW 馈电的微带贴片天线[30]；A. Nesic 加工了 CPW 馈电的端射槽线天线。针对平面天线窄频带的不足，可以展宽频带的各式各样的天线也逐渐被提出[31]。特别是 2002 年，美国联邦通信委员会（FCC）规定[32]，超宽带室内通信与手持设备的实际使用频谱范围为 3.1 GHz～10.6 GHz。自从 FCC 规定了超宽带通信的频谱使用范围后，共面波导馈电的超宽带天线研究也得到了长足的发展。2003 年，台湾学者 H. D. Chen 等人使用具有加宽调节枝节的 CPW 馈线来激励一个方形缝隙天线，实现了 60% 的阻抗带宽，其带宽是传统 CPW 馈电方形缝隙天线的 1.9 倍[33]；台湾学者 J. Y. Chiou 提出并在实验中测量了一种新型 CPW 馈电的金属条带加载的方形缝隙天线，其工作频带可以超过 60%[34]。图1.3-1 给出 2003 年在部分文献中提出的 CPW 馈电的宽带天线结构。

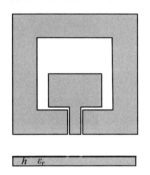

(a) 文献[33]中提到的天线结构   (b) 文献[34]中提到的天线结构

图 1.3-1   2003 年在部分文献中提出的天线结构

2004 年，Chair R. 等人设计了 CPW 馈电的矩形缝隙超宽带天线[35]；Y. Kim 等人提出了具有带陷功能的超宽带天线[36]；S. Y. Suh 等人研究了 CPW 馈电的圆盘形天线[37]；Do Haon Kwon 等人设计了 CPW 馈电的具有六边形辐射单元的超宽带天线[38]（如图 1.3-2 所示），该天线工作于3.1 GHz～10.6 GHz 频段，大小仅为 22 mm×31.3 mm；上海大学钟顺时教授等人提出了 CPW 馈电的箭形宽带单极子天线[39]（其工作带宽达到 111.8%）和 CPW 馈电的线性渐变宽带缝隙天线[40]（其工作带宽达到 40%，且具有低的交叉极化特性）。

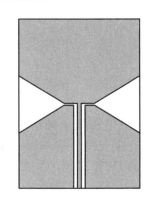

图 1.3-2   文献[38]提出
的天线结构

2005 年，Kim Y. 等人[41] 和 Saou Wen Su 等

人[42]设计了具有陷波特性的 CPW 馈电的超宽带天线；英国伦敦大学 L. Guo 与学生研究了图 1.3-3 所示的 CPW 馈电的圆盘型单极子超宽带天线的频域和时域特性[43-45]，并分析了天线工作带宽与天线几何参数之间的关系，总结了影响天线特性的主要因素；H. D. Chen 等人设计了 CPW 馈电的套筒形超宽带天线[46]；D. C. Chang 等人设计了用于超宽带领域的 CPW 馈电的"U"型单极子天线[47]；X. N. Qiu 等人设计了 CPW 馈电的对称变形超宽带天线[48]，该天线结构如图 1.3-4 所示；上海大学的钟顺时教授研究了紧缩形渐变 CPW 馈电的超宽带天线[49]和宽带 CPW 馈电"△"型单极子天线[50]；华东电子工程研究所的汪伟研究了宽带印刷天线与双极化微带及波导缝隙天线阵[51]。

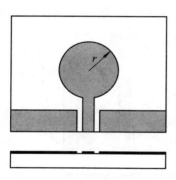

图 1.3-3　文献[43-45]中提到的天线

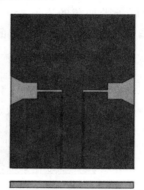

图 1.3-4　文献[48]中提到的天线

2006 年，Ma T. G. 等人设计了 CPW 馈电的超宽带渐变环缝天线[52]；X. D. Chen 等人分析了椭圆形或圆形缝天线在超宽带天线中的应用[53]；Denidni. T. A. 等人研制了一种新型的 CPW 馈电宽带缝隙天线[54]；Lin Y. C. 等人设计了具有陷波特性的小型超宽带矩形孔天线[55]；M. A. Saed 等人分析了具有不同调节枝节的 CPW 馈电的宽带平面缝隙天线的特性[56]；Chien Ming Lee 等人设计了具有两个陷波频段的超宽带印刷圆盘单极子天线[57]，该天线可以工作在 2.6 GHz～12 GHz 的频段，并且在 5.15 GHz 和 5.75 GHz 处存在明显的阻带特性；上海大学钟顺时教授和学生梁仙灵等人又提出了 CPW 馈电的渐变单极子宽带天线[58]和椭圆平面宽带天线[59]；电子科技大学阮成礼教授提出一种新型的 CPW 馈电的宽带天线[60]，通过引入环缝和倒圆角等技术，使该天线达到了 81.5% 的相对带宽，可以覆盖大部分的 C 波段和整个 X 波段，同时，还研究和对比了微带馈电和 CPW 馈电超宽带天线的特性[11]；西安电子科技大学焦永昌教授等人设计了用于 MIMO 系统的小型 CPW 馈电的"T"型天线[61]。图 1.3-5～图 1.3-10 给出了部分天线的结构图。

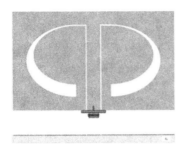

图 1.3 - 5   文献[52]提出的
UWB 天线

图 1.3 - 6   文献[53]提出的
UWB 天线

图 1.3 - 7   文献[55]提出的
UWB 天线

图 1.3 - 8   文献[56]提出的
UWB 天线

图 1.3 - 9   文献[57]提出的
UWB 天线

图 1.3 - 10   文献[60]提出的
UWB 天线

2007 年，H. K. Kan 研究了紧缩形 CPW 馈电的超宽带天线[62]；J. I. Kim 设计了 CPW 馈电的"LI"型平面超宽带单极子天线[63]，该天线工作在 3.0 GHz～11.0 GHz 之间，具有 114.3% 的相对带宽；X. Chen 等人提出了一种新型的 CPW 馈电超宽带天线，天线部分包括圆倒角的矩形缝隙和局部的贴片[64]；K. Nithisopa 等人设计了 CPW 馈电的宽带缝隙天线[65]；A. Sundaram 等人设计了 CPW 馈电的分形宽带天线[66]；M. Taguchi 等人在文献[67]中提出了平面套筒超宽带天线；张福顺教授等人研究了 CPW 馈电的"T"型缝隙宽带天线[68]；钟顺时教授设计了阻抗带宽超过 21∶1 的印刷单极天线[69]，该天线获得了 21.6∶1 的带宽（VSWR≤2），覆盖频率为 0.41 GHz～8.86 GHz，并具有良好的全向辐射特性，而其面积仅为 $0.19\lambda_l \times 0.16\lambda_l$（$\lambda_l$ 为最低工作频率时的波长）。同时，钟顺时教授还在文献[70]中总结了超宽带天线的发展状况和天线的带宽特性。图1.3－11～图 1.3－16 给出了部分天线的结构。

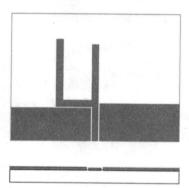

图 1.3－11　文献[63]提出的 UWB 天线

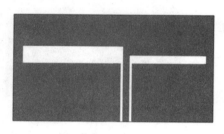

图 1.3－12　文献[65]提出的 UWB 天线

图 1.3－13　文献[66]提出的 UWB 天线

图 1.3－14　文献[67]提出的 UWB 天线

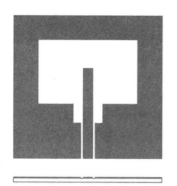

图 1.3 - 15 文献[68]提出的 UWB 天线   图 1.3 - 16 文献[69]提出的 UWB 天线

2008 年, 北京交通大学的王均宏教授设计了 CPW 馈电的"新月"型超宽带天线[71]以及 CPW 馈电的超宽带平面天线阵[72]; Y. Q. Xia 等人设计了 CPW 馈电的双椭圆超宽带天线[73]; 东南大学的徐金平教授设计了 CPW 馈电的小型超宽带天线[74], 该天线包括变形的半圆环辐射部分和开槽的 CPW 地平面, 可以工作于 3.4 GHz～10.6 GHz, 具有较小的尺寸; C. Y. Huang 等人设计了具有陷波特性的超宽带圆缝天线, 并带有倒"C"型寄生条带[75]; 新加坡的 Z. N. Chen 教授设计了 CPW 馈电的紧缩形"T"型超宽带天线[76]; R. H. Patnam 等人把分形结构与共面波导馈电相结合, 设计了新型的宽带天线[77]; Jearapraditkul P. 采用嵌入式调节枝节来展宽 CPW 馈电的缝隙天线的工作带宽[78]。Purahong B. 采用"U"型调节枝节来实现缝隙天线的宽频化[79]; Archevapanich T. 设计了采用"L"型调节枝节的 CPW 馈电的超宽带天线[80]。图 1.3 - 17～图 1.3 - 19 给出了部分天线的结构。

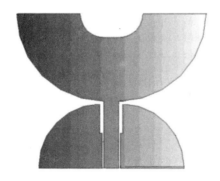
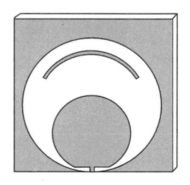

图 1.3 - 17 文献[74]提出的 UWB 天线   图 1.3 - 18 文献[75]提出的 UWB 天线

图 1.3 - 19 文献[76]提出的 UWB 天线

1.3.2 共面波导馈电圆极化天线

1. 圆极化天线

与线极化天线相比,圆极化天线可以有效地抑制多路信号干扰,因此被广泛地应用于通信系统中,如高速的无线局域网(WLAN),或者是应用于无线数据存储系统中。伴随着圆极化天线应用领域的增加,圆极化天线的研究也逐渐得到了重视,并且许多研究人员致力于展宽圆极化天线的轴比带宽,因此由CPW 馈电的圆极化天线也得到了一定的发展。

1994 年,E. T. Rahrdjo 等人设计了 CPW 馈电的圆极化天线,通过一个交叉缝隙耦合能量来激励贴片天线,进而达到辐射圆极化波[81];1999 年,E. A. Soliman 等人采用 MCM - D(多芯片组件安装)技术制作了 CPW 馈电的圆极化孔缝天线[82];2001 年,C. Y. Huang 通过在 CPW 馈线上引入调节枝节来激励微带天线,实现了辐射圆极化波[83];2003 年,J. Y. Sze 等人设计了 CPW 馈电的方形缝隙圆极化天线[84],其 3 dB 轴比带宽可以达到 18%;2004 年,H. A. Sat 也设计了 CPW 馈电的平面圆极化天线[85];同年,台湾学者 I. J. Chen 采用圆形贴片开槽,并运用 CPW 到 Slotline(槽线)技术设计了圆极化天线阵[86],其轴比带宽可以达到 0.9%;2006 年,H. Aissat 等人设计了应用于短距离通信系统的可重构圆极化天线,其轴比带宽可以达到 1.9%,通过控制 PIN 二极管的导通与截止可以发射不同旋向的圆极化波[87];西安电子科技大学焦永昌教授设计了 CPW 馈电的宽频带圆极化方形开缝天线[88];2007 年,J. B. Chen 等人设计了一种宽带圆极化缝隙天线[89];2008 年,C. J. Wang 等人设计了应用于GPS 和 DCS 的圆极化天线,其轴比带宽为 80 MHz,远远大于 GPS 工作需要的 2 MHz 的带宽[90];J. Y. Sze 等人改进了文献[84]提出的圆极化天线,采用一对倒"L"型结构设计了圆极化缝隙天线,其阻抗带宽可以达到 52%,而 3 dB 轴比带宽从 18% 增加到了 25%[91]，同时，还采用非对称 CPW 结构设计了宽带圆极化天线，其 3 dB 轴比带宽达到 30%[92]；T. N. Chang 等人设计了 CPW 馈电的宽带圆极化天线，其 3 dB 轴比带宽可以达到 20%[93]；图 1.3-20～图 1.3-26 给出了部分圆极化天线的结构。

图 1.3-20 文献[84]提出的圆极化天线

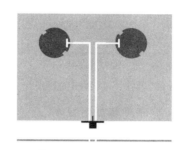

图 1.3-21 文献[86]提出的圆极化天线

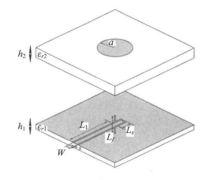
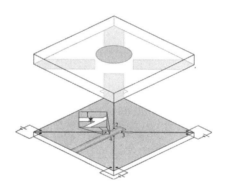

图 1.3-22 文献[87]提出的圆极化天线

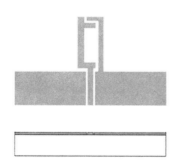

图 1.3-23 文献[90]提出的圆极化天线

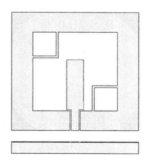

图 1.3-24 文献[91]提出的圆极化天线

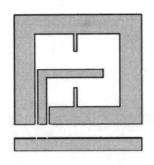

图 1.3 - 25　文献[92]提出的圆极化天线　　图 1.3 - 26　文献[93]提出的圆极化天线

2. 顺序旋转馈电技术

在展宽圆极化天线轴比带宽的过程中，不仅出现了许多新结构的圆极化天线(其中轴比带宽已经达到 30%)，而且，展宽天线轴比带宽和提高圆极化特性的阵列技术也逐渐得到了完善，其中顺序旋转馈电技术得到了广泛的应用；早在 1981 年，James J. R 和 P. S. Hall 就提出了两线极化单元组成的顺序旋转馈电技术[94]。

1982 年，M. Haneishi 等人对辐射单元是圆极化的二元顺序旋转阵列进行了实验研究[95]，实测的 4×4 阵列的轴比带宽达到 10%，而用来对比的常规 4×4 阵列的轴比带宽仅为 3%。

1986 年，John Huang 详细介绍了用微带线极化单元形成圆极化阵列的技术[96]，文中分析了线极化单元四元阵的性能并设计实测了 2×2、4×4、2×8 等多个阵列，获得了很好的圆极化性能，同时也指出用线极化单元组成的顺序旋转阵列在对角线所在的平面上存在较高的交叉极化电平。

1988 年，P. S. Hall 和 John Huang 合作撰文分析了用线极化组成圆极化阵列的增益损失情况[97]。

1989 年，P. S. Hall 和 J. S. Dahele 等人从理论证明了顺序旋转馈电技术可以有效地提高圆极化天线阵的输入匹配带宽，展宽圆极化天线阵的轴比带宽和改善天线的极化纯度[98]。

从顺序旋转馈电阵列技术被提出之后，许多研究人员从单元的形式、馈电网络的结构等方面对顺序旋转阵列进行了研究和应用，并制作了相应的圆极化天线，在实际中得到了广泛的应用[99-104]。

共面波导馈电圆极化天线得到了较大的发展，天线的轴比带宽已经达到了 30%。然而，由于共面波导功分器设计比较困难，严重地限制了共面波导馈电圆极化天线在阵列中的应用。

1.3.3　共面波导馈电多模天线

　　共面波导传输线可以存在两种模式，即奇模式（共面波导模式）与偶模式（耦合槽线模式）。其中，共面波导模式是共面波导传输线的主模式，它也是共面波导馈电天线的主要工作方式。在实际电路中，由于传输线的不连续性，通常会激励起寄生的耦合槽线模式，在这种情况下，通常会采用空气桥结构将其抑制，使电路工作在共面波导模式下。可以看出，现在绝大部分共面波导构成的天线仅工作在共面波导模式下。实际上，由于耦合槽线模式的不平衡性，以致于不容易通过同轴线产生激励，所以耦合槽线工作模式很少考虑，对这两种模式激励的天线研究也少之甚少。在文献[105]中，东南大学的章文勋教授提出了一种耦合渐变横线天线，通过两种工作模式实现了和差波束，然而，文章仅仅是采用矩量法进行了分析，而没有实现工程上的应用。在文献[106]中，J. M. Laheurte 教授设计了一种新型的转换电路，该电路可以实现同轴线激励耦合槽线模式，通过给缝隙天线阵馈电，使天线工作在两种模式下，进而实现一个天线完成两个功能。之后，E. Gschwendtner 运用这种新型的转换电路给四臂螺旋天线馈电[107]，如果工作在耦合槽线模式下，该天线可以与卫星通信；如果工作在共面波导模式下，该天线可以与地面通信，而且，这两个工作模式不仅可以单独工作，也可以同时工作而互不影响。因此，共面波导馈电多模天线的研究有着广泛的应用前景。

第2章 共面波导馈电渐变开槽天线

2.1 引 言

渐变开槽天线主要由两部分组成：馈电网络和渐变辐射段。其中的馈电网络，即各种馈源到槽线的转接器，具有举足轻重的作用。它将能量由馈源送到辐射端，相当于能量传输器，其传输效率对天线影响很大，主要决定着天线的驻波比带宽。转接器主要用来连接两种不同传输型态传输线，使电磁场由一种传输线耦合到另一种传输线。常见的转接器类型有同轴电缆转槽线、微带线转槽线和共面波导转槽线三种，本章主要介绍共面波导至槽线转接器，并论述渐变开槽天线的设计准则，最后给出开槽天线的结构、特性分析及仿真与测试结果。

2.2 槽线的基本特性

槽线(slotline or notchline)的结构和场分布如图 2.2-1 所示。在介质基片的一面金属层上刻有一窄槽，而在另一面没有金属化层。作为单一平面传输线，槽线结构很适合用于微波集成电路。在槽的两端连接电子元件可以达到并联效果。利用槽线来设计电路有以下几个优点：

（1）槽线能制作一般微带线不易制作的电路元件，如巴伦电路、高阻抗线。

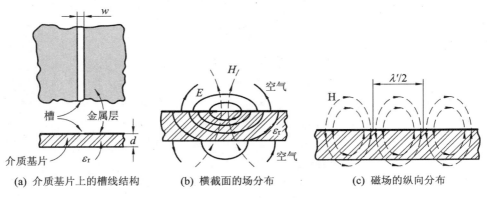

(a) 介质基片上的槽线结构　　(b) 横截面的场分布　　(c) 磁场的纵向分布

图 2.2-1　槽线的结构和场分布图

（2）能将槽线电路制作在微带线电路的接地面，从而增加了电路设计的弹性。

（3）能与共面波导、开槽天线等电路元件实现单平面连接。

槽线的传播模式为非 TEM 模式，槽线的相关基本参数有特性阻抗 Z_0、相速度 V_p、群速度 V_g、相对波长 λ_y/λ_0。

相速度与群速度分别为

$$V_p = \frac{\omega}{\beta_x} = f\lambda_y \tag{2.2.1}$$

$$V_g = \frac{\mathrm{d}\omega}{\mathrm{d}\beta_x} \tag{2.2.2}$$

其中 β_x 是槽线的相位常数，$\beta_x = 2\pi/\lambda_y$，ω 为角频率。

相对波长 λ_y/λ_0 和特性阻抗 Z_0 为[1]

① 当 $0.02 \leqslant w/d \leqslant 0.1$ 时

$$\frac{\lambda_y}{\lambda_0} = 0.923 - 0.195\ln\epsilon_r + 0.2\frac{w}{d} - \left(0.126\frac{w}{d} + 0.02\right)\ln\left(\frac{d}{\lambda_0} \times 10^2\right) \tag{2.2.3}$$

$$
\begin{aligned}
Z_0 = \frac{V_+^2}{2P^+} = {} & 72.62 - 15.28\ln\epsilon_r + 50\frac{(w/d - 0.02)(w/d + 0.1)}{w/d} \\
& + \ln\left(\frac{w}{d} \times 10^2\right)(19.23 - 3.693\ln\epsilon_r) \\
& - \left[0.139\ln\epsilon_r - 0.11 + \frac{w}{d}(0.465\ln\epsilon_r + 1.44)\right] \\
& \cdot \left(11.4 - 2.636\ln\epsilon_r - \frac{d}{\lambda_0} \times 10^2\right)^2
\end{aligned} \tag{2.2.4}
$$

② 当 $0.1 < w/d \leqslant 0.2$ 时

$$
\begin{aligned}
\frac{\lambda_y}{\lambda_0} = {} & 0.987 - 0.21\ln\epsilon_r + \frac{w}{d}(0.111 - 0.0022\epsilon_r) \\
& - \left(0.053 + 0.041\frac{w}{d} - 0.0014\epsilon_r\right)\ln\left(\frac{d}{\lambda_0} \times 10^2\right)
\end{aligned} \tag{2.2.5}
$$

$$
\begin{aligned}
Z_0 = \frac{V_+^2}{2P^+} = {} & 113.19 - 23.257\ln\epsilon_r + 1.25\frac{w}{d}(114.59 - 22.531\ln\epsilon_r) \\
& + 20\left(\frac{w}{d} - 0.2\right)\left(1 - \frac{w}{d}\right) - \left[0.15 + 0.1\ln\epsilon_r + \frac{w}{d}(0.899\ln\epsilon_r - 0.79)\right] \\
& \cdot \left[10.25 - 2.171\ln\epsilon_r + \frac{w}{d}(2.1 - 0.617\ln\epsilon_r) - \frac{d}{\lambda_0} \times 10^2\right]^2
\end{aligned} \tag{2.2.6}
$$

其中 w 为槽缝宽度，d 为基片厚度，P^+ 为正方向的平均功率流，V_+ 为槽缝中的电压峰值。

上述公式在如下一组参数范围内的精度约为 2%：

$$9.7 \leqslant \varepsilon_r \leqslant 20, 0.02 \leqslant \frac{w}{d} \leqslant 1.0, 0.01 \leqslant \frac{d}{\lambda_0} \leqslant (d/\lambda_0)_c \quad (2.2.7)$$

利用式(2.2.4)和式(2.2.6)可估算槽线的特性阻抗。

2.3 共面波导至槽线的转接器

共面波导至槽线的转接器是单平面转接，它具有低色散，短路端容易实现等特点，安装集成串并联形式的有源或无源集总参数元件都非常方便，而不用在基片上打孔或开槽。在转接器的设计上必须同时考虑到两点：第一是阻抗匹配，在两种不同的传输线之间，转接器必须提供有效的阻抗匹配以使得反射最小、耦合最大；第二是场型匹配。在转接器同结构的传输线间必须尽可能地提供渐进且平顺的电磁场变化，避免因电磁场急剧变化而产生大量衰减，并满足不同传输线之间的边界条件。

2.3.1 共面波导的基本特性

共面波导的横截面如图 2.3-1 所示，所有导体均位于同一平面内。能支持准 TEM 波(quasi-transverse electromagnetic wave)的传播，对其特性分析的简单方法是用准静态方法和保角变换法。

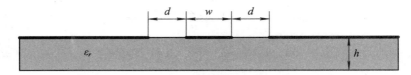

图 2.3-1 共面波导的横截面图

由于能量在共面波导内以准 TEM 波的方式传播，在横截面上电场的分布如图 2.3-2(a)、(b)所示，有偶模(even mode)及奇模(odd mode)两个主要模式，由于奇模损耗大且无法在同轴线中传播，故一般只考虑偶模的传播。

共面波导的特性阻抗可由保角变换法求得

$$Z_0 = \frac{Z_{01}}{\sqrt{\varepsilon_e}} \quad (2.3.1)$$

式中 ε_e 是共面波导的有效介电常数，ε_e 可由准静态方法求得

$$\varepsilon_e = \frac{\varepsilon_r + 1}{2} \left\{ \tan\left[0.775\ln\left(\frac{h}{d}\right) + 1.75 \right] \right.$$

$$\left. + \frac{kd}{h}\left[0.04 - 0.7k + 0.01(1 - 0.1\varepsilon_r)(0.25 + k) \right] \right\} \quad (2.3.2)$$

式中 $k = \dfrac{w}{w+2d}$。在 $\varepsilon_r \geqslant 9$，$\dfrac{h}{d} \geqslant 1$ 和 $0 \leqslant k \leqslant 0.7$ 范围内，式(2.3.2)的精度优于 1.5%。

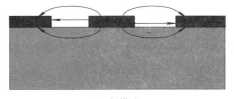 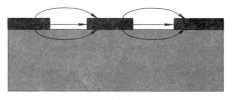

(a) 偶模式　　　　　　　　　　　　　　　　　(b) 奇模式

图 2.3 - 2　共面波导横截面电场分布图

Z_{01} 是 $\varepsilon_r = 1$ 时共面波导的特性阻抗，其值为

$$Z_{01} = \frac{1}{4c\varepsilon_0} \frac{K'(k)}{K(k)} \tag{2.3.3}$$

式中 c 为真空中的光速；ε_0 为空气中的介电常数；$K(k)$ 表示第一类完全椭圆函数；$K'(k) = K(k')$；$k' = \sqrt{1-k^2}$。

$\dfrac{K(k)}{K'(k)}$ 的近似公式(精确到 8×10^{-6})为

$$\frac{K(k)}{K'(k)} = \begin{cases} \left[\dfrac{1}{\pi} \ln\left(2\, \dfrac{1+\sqrt{k'}}{1-\sqrt{k'}} \right) \right]^{-1} & (0 \leqslant k \leqslant 0.7) \\[4mm] \dfrac{1}{\pi} \ln\left(2\, \dfrac{1+\sqrt{k}}{1-\sqrt{k}} \right) & (0.7 \leqslant k \leqslant 1) \end{cases} \tag{2.3.4}$$

理论与实验表明，共面波导特性阻抗与基片厚度的关系不大。实用中，基片厚度为槽宽的一倍或两倍即可。一般情况下，ε_e 也可近似表示为

$$\varepsilon_e = \frac{\varepsilon_r + 1}{2} \tag{2.3.5}$$

2.3.2　共面波导至槽线转接器的形态

共面波导至槽线的转接器，需要将准 TEM 模能量尽可能平顺地耦合至槽线。能量在槽线的传播模式主要为 TE 模，它在横截面的电场分布如图 2.3 - 3 所示。

要将共面波导中的电场转接至槽线中，主要是利用共面波导的其中一条槽线直接在转接处开路的方法，从而使共面波导中心导体上的电流完整地流到槽线金属的一边，共面波导接地面上的反向电流流至槽线金属的另一边。然而，由于共面波导和槽线均有边缘效应而无法做到真正的开路，因此，通常利用所

谓的"虚拟开路"的方法。最简单且最早被提出来的方法就是利用一段四分之一波长的短路传输线，因为单一平面型传输线可以容易地做短路终端，这样此四分之一波长的传输线在中心频率时，在输入端便可得到很好的开路效果。形式Ⅰ转接器便是很好的一个例子，如图 2.3-4 所示。由等效电路可知，四分之一波长阻抗转换器接在共面波导及槽线的接点处与共面波导传输线形成并联。因为四分之一波长阻抗转换器的输入阻抗在中心频率时开路，所以能量能有效地由共面波导传送至槽线，但前提是共面波导与槽线的特性阻抗需相等。实际上并不能做到理想开路，通常在中心频率处，只要四分之一波长阻抗转换器的输入阻抗比槽线的特性阻抗大一定程度以上时，大部分的能量就能被传送到槽线。中心频率位置可由调整四分之一波长阻抗转换器的长度来调整。

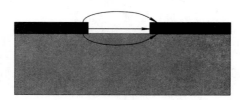

图 2.3-3　槽线的横截面电场分布图

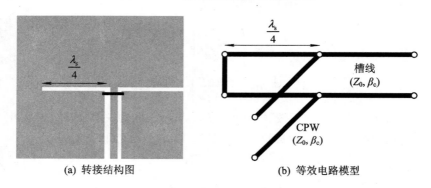

(a) 转接结构图　　　　　　　　(b) 等效电路模型

图 2.3-4　共面波导至槽线的转接形式Ⅰ结构图及等效电路模型

　　另外，在共面波导与槽线交接处，因共面波导两边接地面不连续，所以必须要加上空气桥(air bridge)，一方面使共面波导两边接地面电位在不连续处相等，另一方面则是用来抑制因不连续所造成的寄生奇模(parasitic odd mode)，并提供由槽线接地面流到共面波导接地面的返回电流(backward current)回流路径。

　　此转接器频宽主要依赖四分之一波长短截线，四分之一波长的传输线对频宽相当敏感，因此它的转换频宽很窄。但其优点在于共面波导与槽线可位于同一直线而不需要转弯，使得其布局比其他形式的转接器更为宽松。图 2.3-5 所示即是一例此种转接器的插损仿真和实测图的比较。转接器制作在 1.27 mm 厚的 RT/Duroid 6010(ε_r=10.8)上。共面波导的缝隙宽度为 0.25 mm，中心导带宽度为 0.5 mm，槽线缝宽为 0.1 mm，槽模式的波长为 46.98 mm。

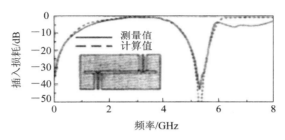

图 2.3-5　形式 I 转接器的仿真和实测插损图

　　形式 II 转接器在结构上同形式 I 转接器类似，共面波导与槽线成 90°的交叉，如图 2.3-6 所示。但除了槽线延伸了四分之一波长外，共面波导在交叉处也延伸了四分之一波长，并在终端形成开路，从而增强了调谐功能，能使两者阻抗更好的匹配。在中心频率时，四分之一波长的共面波导开路线输入阻抗趋近于零，而四分之一波长的槽线短路线输入阻抗为无限大，趋近于开路，故能量能直接由共面波导传送至槽线。此类转接器由于多加了一段四分之一波长共面波导开路线，因此频率响应会有较陡峭的斜率，故可以用来设计带通滤波器。

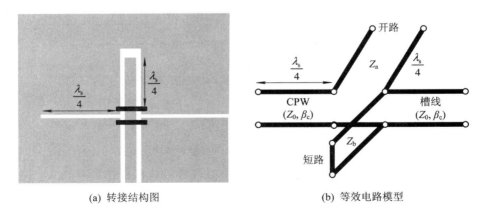

(a) 转接结构图　　　　　　　　　　(b) 等效电路模型

图 2.3-6　共面波导至槽线的转接形式 II 结构图及等效电路模型

　　形式 III 转接器在转接处使用双 Y 巴伦进行调谐匹配，即由三个共面波导及三个槽线交叉放置而成，除一对输入/输出端外，共面波导及槽线各有一个开路线及一个短路线，其转接形式和等效电路如图 2.3-7 所示。

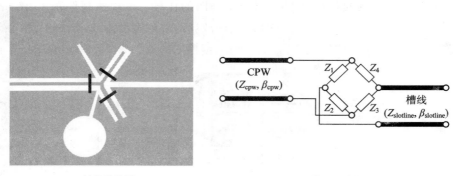

| (a) 转接结构图 | (b) 等效电路模型 |

图 2.3-7 共面波导至槽线的转接形式Ⅲ结构图及等效电路模型

此转接器可应用于任何阵列，其输入/输出端口均在同一直线上，可避免因转弯而造成的不连续效应，应用于集成电路更为方便。但因交叉连接处有两个共面波导枝节和一个共面波导馈线，所以需要在交叉处焊接三条空气桥，以抑制共面波导奇模的产生，增加了制作的复杂度。图 2.3-8 为在双 Y 巴伦处加与不加空气桥的插损（S_{21}）比较实例[108]，基片的厚度为 0.05 mm，介电常数 $\varepsilon_r = 3.5$。

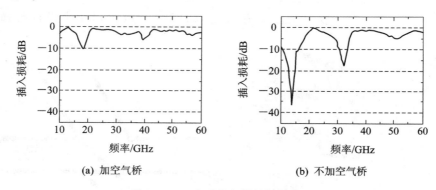

| (a) 加空气桥 | (b) 不加空气桥 |

图 2.3-8 有无空气桥的插损对比

由图 2.3-8(a)、(b)的比较可以看出，空气桥对转接器的影响较大，加空气桥的转接器，无论从带宽还是整个频段的传输特性来说都更好。形式Ⅲ转接器在共面波导处的输入阻抗可表示为[109]

$$Z_{in} = \frac{1}{Z_2' + Z_3' + 1}\left[Z_2'Z_3' + \frac{(Z_2' + Z_3')(Z_2' + 1)(Z_3' + 1)}{Z_2' + Z_3' + 2}\right] \quad (2.3.6)$$

其中假设 $Z_1 = Z_3$ 及 $Z_2 = Z_4$，且所有的阻抗均标准化至 $Z_{slotline}$，即

$$Z_n = Z_n'Z_{slotline} \quad (2.3.7)$$

在此条件之下，由共面波导端口看进去的输入阻抗 Z_{in} 等于输出端口的阻抗 $Z_{slotline}$，这表示在所有频率下输入与输出阻抗都匹配。将所有共面波导及槽线的特性阻抗设定成相同值且每段截线的电气长度设为相等，即可满足上述阻抗匹配的条件。但由于色散效应，共面波导和槽线在不同频点具有不同的特性阻抗，且频率相差越大，特性阻抗相差越大。要使截线在所需频段内均达到相同的电长度非常困难，且截线长度和接面效应也会影响整体频宽，所以只有在频带特性允许的范围内尽量缩小截线的长度。

形式 Ⅳ 为形式 Ⅰ 的宽频改进型，其转接形式和等效电路如图 2.3 - 9 所示。将形式 Ⅰ 转接器中的四分之一波长阻抗转换器以一个半径为 R 的四分之一波长中空圆形金属来取代，输入及输出端的共面波导及槽线特性阻抗仍然维持相同，此一个中空的圆形金属可等效成一个宽带的开路结构，如此整体频宽便能大幅增加，最大频宽可超过 5：1，而且在带宽范围内具有低插损的优点，图 2.3 - 10所示为一个制作在介电常数为 10.0 的基片上的形式 Ⅳ 转接器的测试插损结果图[110]。由图可以看出，当中空金属圆的半径增大，频带将向低频方向移动。

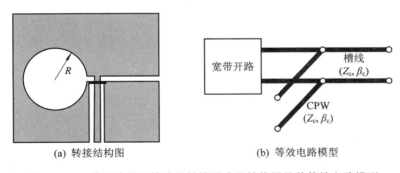

(a) 转接结构图　　　　　　　(b) 等效电路模型

图 2.3 - 9　共面波导至槽线的转接形式 Ⅳ 结构图及其等效电路模型

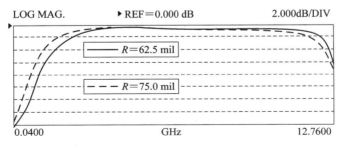

图 2.3 - 10　形式 Ⅳ 实例测试的插损（S_{21}）图

除了上述四种转接形式外，还有其他许多形式的转接器被提出。图2.3-11所示为另外四种转接器。

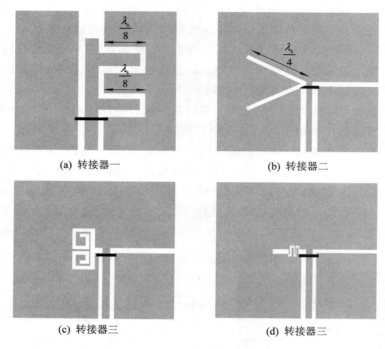

(a) 转接器一　　　　　　　　　　　(b) 转接器二

(c) 转接器三　　　　　　　　　　　(d) 转接器三

图 2.3-11　共面波导至槽线的其他形式转接器

图 2.3-11(a)[111] 主要是利用一个180°相移器来实现转接：在共面波导的两条槽线中，其中一条槽线比另一条多180°的相位，使得转接处两槽线的相位一致，从而能转换成单一槽线模式。但此设计的频宽受限于中心频率，离中心频率越远，此180°相移器所走的电长度与实际所要达到的180°就相差越远，故只适用于窄频系统。然而其优点在于共面波导与槽线在同一直线上，不需要经过转弯路径。图 2.3-11(b) 则是对形式 Ⅰ 的改良，将原本只有单一截线改成两条甚至三条并联截线，目的是为了增加短路截线的特性阻抗。图 2.3-11(c)[112] 是图 2.3-11(b) 的缩小化设计，利用双螺旋截线的方式将原本四分之一波长的双截线弯折成螺旋状，从而大幅地缩小电路面积。图 2.3-11(d)[113] 是另一种缩小化的设计方式，利用集总元件的电感及电容来实现等效的开路及短路，取代原来的四分之一波长转接器。集总元件一般需要至少小于十分之一的工作波长，故此设计亦能大幅度地减少电路面积。

2.3.3　非均衡共面波导至槽线的宽频转接器

非均衡共面波导至槽线的转接器如图 2.3 - 12 所示。

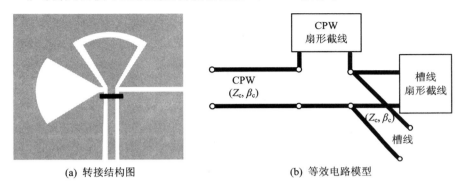

(a) 转接结构图　　　　　　(b) 等效电路模型

图 2.3 - 12　非均衡共面波导至槽线的转接形式结构图及等效电路模型

由图可以看出，转接器的中空短路槽线由扇形段取代了均匀的槽线段，且共面波导开路段也变成了扇形渐变段，其扇形短路槽线枝节和扇形开路共面波导均用于阻抗匹配。可以用图 2.3 - 13 来等效扇形短路和开路线的效应，由图 2.3 - 13 可以看到扇形截线可视为无限多段长度极短且均匀的传输线，每段传输线前后相连，具有不同的特性阻抗，且由输入端开始依序变大，最后一段特性阻抗值比起输入端的特性阻抗可视为开路结构。由于此种渐进式的阻抗变化较为平缓，所以比起中空式的圆形金属截线频宽更宽。

图 2.3 - 14 为此类转接器的一个实例[114]，由图可以看出，具有扇形的短路槽线枝节和开路共面波导枝节的非均衡转接器在通带两边处斜率较陡，适用于滤波器上。

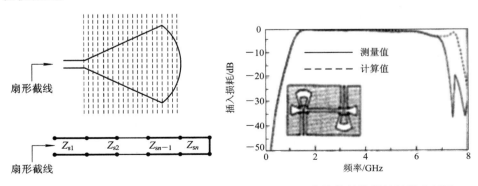

图 2.3 - 13　扇形枝节的等效电路模型　　　图 2.3 - 14　非均衡转接器的插损实例图

图 2.3-15 所示的转接器作为非均衡宽带共面波导至槽线转接器的一个特例，其共面波导枝节被共面波导短路端取代。图 2.3-16 转接器的尺寸与图 2.3-14 所示的实例相同，且基板选择一样。对比两个插损图不难看出，作为共面波导短路的转接器具有更大的带宽，因为后一种转接器的共面波导的短路端是理想的，而且它的槽线短路枝节在带宽较大的范围内可以认为是开路。

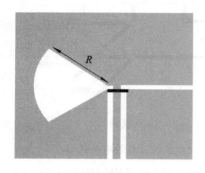

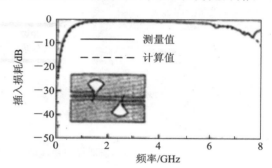

图 2.3-15 扇形槽线短路枝节的
　　　　　转接器结构

图 2.3-16 扇形槽线短路枝节的
　　　　　转接器插损实例

2.3.4 非均衡宽频转接器的设计

设计一个扇形槽线短路枝节的非均衡转接器。此种转接器背对背的连接方式有两种：180°反相背对背巴伦和同相背对背巴伦，如图 2.3-17 所示。

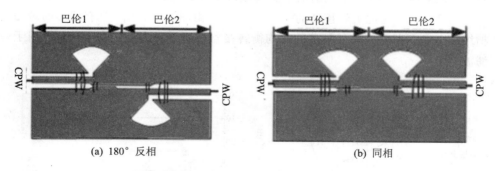

(a) 180° 反相　　　　　　　　　　(b) 同相

图 2.3-17 非均衡转接器的两种背对背形式

作为渐变天线的馈电网络，设计两种转接方式之一即可，现选择设计同相背对背转接器。首先定出工作频段，所设计工作频率为 2 GHz～13 GHz，中心频率为 7.5 GHz。在此频率范围内的信号能通过，即在此频率范围内的反射损耗应低于 −10 dB，且传输系数不能太小。所用基板为 FR−4(ε_r=4.6，h=

1 mm），由式(2.2.3)和式(2.2.5)估算得槽线波长(5 GHz)约为 42 mm。

　　要使能量能有效地从共面波导送至槽线，需要使得槽线和共面波导的特性阻抗匹配。若要使槽线的特性阻抗为 50 Ω，由式(2.2.4)和式(2.2.6)估算槽线的缝宽大约为 0.01 mm，受到设备和制作精度的限制，选用 50 Ω 特性阻抗不现实，于是将共面波导和槽线的特性阻抗均设计为 90 Ω，此时槽线的缝宽 $a=$ 0.4 mm，共面波导的中心导带和槽宽相同，均为 $b=a=$ 0.4 mm。四分之一槽线波长 $R1=$ 11 mm 的选取使得频率暂定为 5 GHz 而非 7.5 GHz 的原因，是为了在低频段满足传输特性。为了避免转角所产生的不连续效应及能方便地与其他电路连接，这里不采用图 2.3 - 15 中转接器的排列方式而将共面波导及槽线排列在同一直线上，从而使转接器的背靠背连接如图 2.3 - 17 所示。在此电路中，共面波导其中的一条槽线接至 90°的扇形短路线，根据四分之一波长短路线的原理，调整此 90°扇形结构的半径 R 可决定在哪个频率点共振以达到开路的效果。选定初始尺寸后进行建模，如图 2.3 - 18 所示。

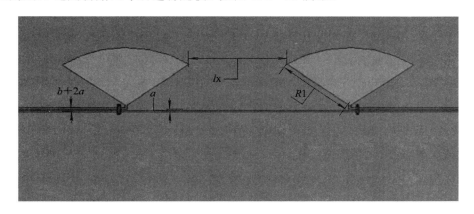

图 2.3 - 18　背靠背的扇形短路槽线转接器

　　对所建模型在高频模拟软件 HFSS 上进行仿真，仿真结果如图 2.3 - 19 所示。

　　由图可见，在整个频段内，转接器在某些部分的反射损耗大于 -10 dB，分析原因可能是选择模型尺寸时，只是对各种参数进行了估算，使得阻抗不匹配。于是调整槽线的缝隙宽度 a，其他参数维持不变，并在 HFSS 上进行优化仿真，结果如图 2.3 - 20 所示。随着 a 增加，转接的反射损耗增加，$a=$ 0.3 mm 时在整个频段内的表现最好，于是选择 0.3 mm 的槽线缝宽。

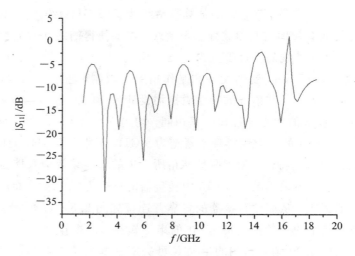

图 2.3-19　初始建模转接器的 S 参数

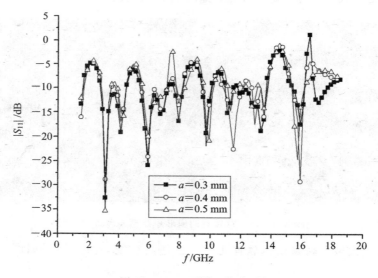

图 2.3-20　不同 a 的 S_{11} 图

　　进一步调整共面波导的中心导带宽度 b，仿真优化结果如图 2.3-21 所示，由图可以看出，调整中心导带宽度 b 的值，传输特性随之变化，当 b 由 0.3 mm逐渐增大为 0.6 mm 时，低频段传输特性改善明显，而且传输特性在整个频段都有一定的改善。当 b 增大为 0.7 mm 时，反射损耗在低频段有所增加，说明不是 b 值越大越好，根据优化结果，选取在整个频段传输特性都有较大改善的$b=0.6$ mm 作为共面波导中心导带宽度。

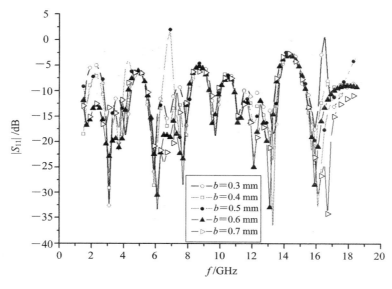

图 2.3 - 21　不同 b 的 S_{11} 图

由于转接器的共面波导特性阻抗选为 90 Ω，为了使共面波导能与 SMA 接头匹配，需要在转接器的两端分别加上两段长度 $ly=10$ mm 的共面波导的渐进线。为了使仿真模型尽量与实物接近，将转接器模型修正为如图 2.3 - 22 所示的模型。

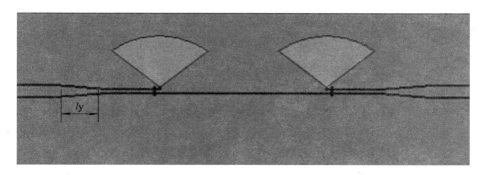

图 2.3 - 22　加渐进线的转接器

加两段渐进线，共面波导增加了转接器的反射损耗，使得转接器在低频段的传输特性变差。为了改善低频段的特性，尝试通过调整扇段半径 R_1 来观察转接器的 S_{11} 响应。半径 R_1 的变化范围为 9 mm～13 mm。仿真结果如图 2.3 - 23 所示。

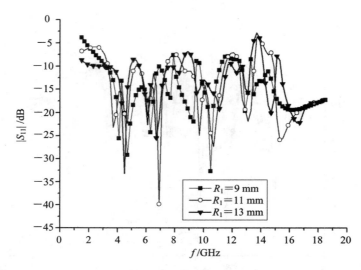

图 2.3 - 23　不同 R_1 的 S_{11} 图

由图 2.3 - 23 可以看出，随着半径的增大，低频反射特性逐渐改善，推测原因是低频等效波长较大，增大扇形短路截线的半径使此结构在低频时由接面处看进去的输入阻抗更大，更有开路效果，故能量能更有效地由共面波导传至槽线。但并非半径越大越好，随着半径增大，高频段传输特性也逐渐变差，且其变差的趋势随着半径增大而逐渐向低频移动。图 2.3 - 24 所示当扇段半径值取为 11 mm 时，在 13.5 GHz 处，反射损耗开始恶化；而当半径值取为 13 mm时，在 13.1 GHz 处反射损耗便开始恶化了。这是因为高频处等效波长较短，若半径增大，则高频阻抗远大于低频阻抗，整个转接器的阻抗匹配受到影响。而且转接器还要考虑辐射损耗，因此传输系数也是应考虑的因素之一。

由图 2.3 - 24 可以看出，随着半径由 9 mm 增至 11 mm，低频段传输特性稍稍变差，这可能是由扇段辐射损耗引起的；半径 R_1=13 mm 时，1.5 GHz～13.5 GHz 频段的传输特性最好，这可能是因为半径为 13 mm 时达到较好的阻抗匹配。同时可以预测：随着半径变得更大，半径扇段在高频段的辐射损耗效应会使得高频段的传输性能的恶化变差。综合考虑图 2.3 - 23、图 2.3 - 24 所示的反射损耗和传输特性结果，选择 R_1=13 mm 较为合适。此时反射损耗在某些小部分频段仍然高于 -10 dB，传输系数在高频段也偏小，但由于制作天线只用到转接器的单一结构，所以不会对天线损耗造成大的影响。

两扇形枝节的距离大小影响两扇形枝节的耦合效应，两扇形距离 lx 太小会产生强的耦合效应，影响传输特性；但若 lx 太大，槽线部分损耗亦极为严重。由于天线的馈电网络只有单一转换结构，故只需选择较短的槽线长度以减少槽线部分的损耗就可以了，在此不对槽线长度 $l\mathrm{x}$ 做更多的论述，模型中选择 $l\mathrm{x}=10$ mm。

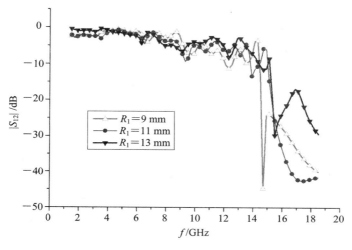

图 2.3 - 24　不同半径的传输特性

2.3.5　宽频转接器的测量结果

经过以上分析，制作了上述优化的宽频转接器的实物。实物照片和 S_{21}、S_{11} 特性分别如图 2.3 - 25 和图 2.3 - 26 所示。由对比可知，实测值与仿真结果存在误差，差异可能是由于实验条件所限，测试未在暗室里进行，且测试环境周围有其他实验仪器的影响。焊接技术不够高，尤其是对空气桥的焊接，导致损耗较大，也会使实测偏离仿真结果。但实验与仿真结果之间的趋势是基本一致的，所以如果改进焊接技术，效果应该更好。

图 2.3 - 25　转接器实物图

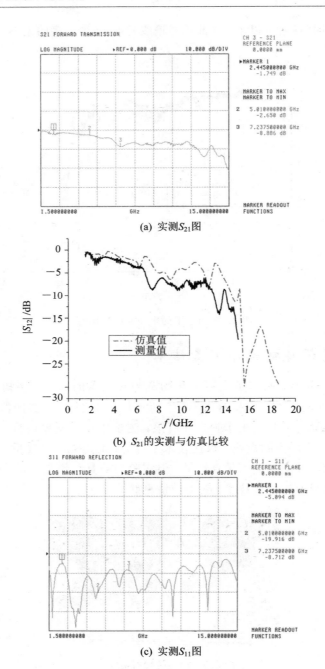

(a) 实测S_{21}图

(b) S_{21}的实测与仿真比较

(c) 实测S_{11}图

图2.3-26　转接器的实测传输系数与反射损耗结果(1)

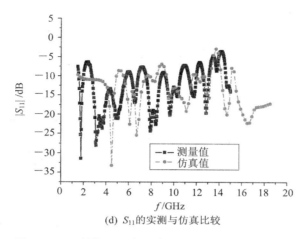

(d) S_{11}的实测与仿真比较

图 2.3-26 转接器的实测传输系数与反射损耗结果(2)

2.4 渐变开槽天线的设计准则

渐进开槽天线是行波天线,电磁波在天线中传播的相速度 $v_{ph} \leq c$。如果行波天线在固定相速下存在最佳速度比 c/v_{ph},使得天线具有最佳方向性,典型的方向系数为 $D \approx 10L/\lambda_0$,速度比为 $c/v_{ph} \approx 1.05$,此天线的长度 L 应选为 3 到 8 个波长,这类天线叫做高增益天线。对所有行波天线,其方向系数与天线电长度总是成正比,只是对于更长的天线(长度大于 3 至 8 个波长),正比的比例系数变小了。而常常研究的端射天线在槽辐射段是渐变的,因此相速度是变化的,此类天线叫做低旁波瓣天线,其方向系数大约为 $D \approx 4L/\lambda_0$,相关参数如表 2.4.1 所示。

表 2.4.1 端射行波天线的典型属性

天线参数＼天线形式	高增益 (最佳增益)	低旁波瓣 (宽带)
方向系数/dB	$10\lg(10L/\lambda_0)$	$4\lg(10L/\lambda_0)$
波束宽度	$55/\sqrt{\dfrac{L}{\lambda_0}}$	$77/\sqrt{\dfrac{L}{\lambda_0}}$
最佳速度比	$c/v_{ph}=1+\dfrac{1}{2L/\lambda_0}$	—

渐变天线的重要参数有基板厚度、介电常数、天线长度、辐射末端开口宽度、渐变形状等。

1. 基板参数的影响

基板参数为影响天线辐射场型的最重要因素，制作渐进式开槽天线通常选择厚度较薄且介电常数较小的基板，以达到较好的特性。最佳基板的厚度由实验数据归纳得出，其等效厚度为

$$t_{\text{eff}}/\lambda_0 = (\sqrt{\varepsilon_r} - 1)t/\lambda_0 \tag{2.4.1}$$

等效厚度一般介于 0.005 mm 至 0.03 mm 之间，其中 λ_0 为自由空间的波长。等效厚度太大，虽然会增加天线的增益，却会使辐射场型不对称以及效率降低；等效厚度太小，会使天线增益减少以及基板强度不足。另外 E 面和 H 面对基板的厚度的效应正好相反，基板越厚，则 E 面的半功率波瓣宽度越宽，H 面则正好相反，可由图 2.4-1 看出。若要应用在毫米波段（30 GHz～300 GHz）且高介电常数的情况下，则需要很薄的基板才能满足式（2.4.1），但基板强度会不足且不容易制作，所以可将天线制作在薄膜上，在薄膜下方由矽基板支撑，但此种方法不适合应用在毫米波频段，因为薄膜会太大，而且薄膜也不容易制作在基板上；还可增加基板厚度以增加强度，再把基板挖孔，得到较低的等效介电常数以符合式（2.4.1）的要求。

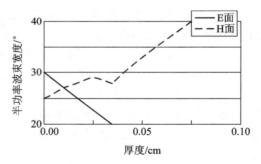

图 2.4-1　半功率波束宽度与基板厚度关系图

2. 天线长度的影响

渐进式开槽天线分两种：一种为行波天线；另一种为共振天线。长度小于一个自由空间波长 λ_0 的天线为共振天线，其增益较低、波束较宽。行波天线长度通常大于 $2\lambda_0$。天线增益正比于长度，由实验得知表 2.4.1 适用于长度为 $(3\sim8)\lambda_0$ 的天线，再长则比例系数略减，但也呈比例关系。天线越长，E 面和 H 面波束宽度会减小，但对 H 面影响不大，如图 2.4-2 所示。

3. 天线开口大小的影响

由文献[115]知，当渐变天线孔径尺寸小于 $\lambda_0/2$ 或开口角度小于 $11.2°$ 时，天线不再是宽带行波天线，因此若为宽带行波天线，孔径宽度必须大于 $\lambda_0/2$。

例如一个线性渐变开槽天线(LTSA)，孔径宽度为 $\lambda_0/2$，开口角度为 $11.2°$，天线的长度必须至少为 $2.6\lambda_0$。开口越大，E 面的波束宽度越小，但对 H 面影响不大。

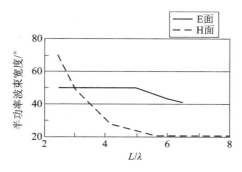

图 2.4-2　半功率波束宽度与天线长度关系图

4. 天线开口边缘至基板宽度的影响

天线开口边缘至基板宽度不能太小，否则会使天线的辐射场型变差，如 H 面主波束会变宽，但在天线阵列中则希望宽度变小。可以将天线边缘作有规律的褶皱，能在不破坏场型的情况下缩小天线尺寸。

5. 天线渐变形式的影响

渐变开槽天线最常用的渐变形式有：线性渐变、恒定宽度、指数渐变等。恒定宽度渐变槽末端为固定宽度，能达到固定相速，所以增益最大。其次为线性渐变开槽天线，而指数渐变开槽天线增益最小。线性渐变开槽天线方向性最好、旁瓣最低。指数渐变开槽天线有利于实现天线的宽带特性。三种渐变形式的特点归纳如表 2.4.2 所示。

表 2.4.2　不同形式渐变开槽天线的特性

形　态	线性渐变	指数渐变	恒定宽度
频宽	宽	最宽	宽
半功率波束宽	窄	宽	最窄
旁波束	小	大	最大
增益	最高	适中	适中
指向性	高	适中	最高

2.5　渐变开槽天线

本节设计的新型结构宽频带天线在频段为 1.7 GHz～13.3 GHz 范围内，

除了在 2.35 GHz 附近处反射损耗略大于 -10 dB 外，其余频率均在 -10 dB 以下。天线在整个频段内具有较好的端射方向图和较高且稳定的增益。天线用2.3 节中所设计的非均衡宽频带转接器馈电，并对边缘进行切削处理，形成梯形边缘。此外增加了深度不一致的栅栏，改善了场型，提高了增益和增益的稳定性。

2.5.1 天线结构

共面波导馈电的渐变开槽天线如图 2.5-1 所示。共面波导通过转接电路与天线连接，由于天线的输入阻抗主要与渐变始端的槽线宽度有关，所以选择渐变天线的始端宽度等于转接器槽线宽度，以使得槽线和天线的阻抗能够匹配。

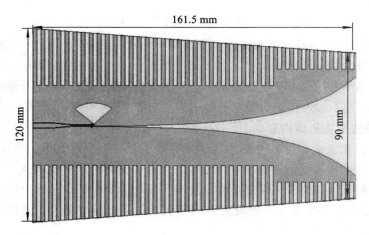

图 2.5-1 共面波导馈电的新型渐变开槽天线

按照设计准则，天线等效厚度 t_{eff}/λ_0 应介于 0.005 和 0.03 之间，选择 $\varepsilon_r =$4.6，厚度为 1 mm 的 FR-4 基板，使天线在整个宽频范围内等效厚度为0.057～0.045 之间。高频段的等效厚度高于 0.03，是由于天线带宽太大，无法在整个频段满足最佳基板条件。渐变辐射段长度为 120 mm，略大于 $2\lambda_0$，兼顾了天线的行波特性和小型化。开口宽度为 λ_0，开口边缘离基板边缘 $\lambda_0/2$。为了改善方向图，在天线两边设计了如图 2.5-1 所示的栅栏，此设计可使天线增益稳定、场型对称。天线在低频端增益大大改善，从不加栅栏的 4.4 dB 提高到 7.7 dB。

天线渐变为指数渐变：

$$y = 0.6e^{0.033x} \tag{2.5.1}$$

2.5.2　天线的特性分析

　　线性渐变天线具有渐变形式简单、高方向性和低旁波瓣的特点，设计时首先考虑的渐变形式应为线性渐变。开口为一个自由空间波长 λ_0 且开口边缘离基板边缘 $\lambda_0/2$ 的线性渐变天线低频段的反射损耗如图 2.5-2 所示。

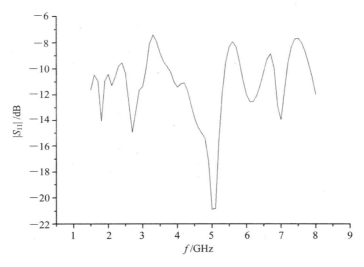

图 2.5-2　线性渐变(linear)的 S_{11} 图

　　由图 2.5-2 可以看出，在 1.7 GHz～8 GHz 范围内，很多部分的反射损耗大于 -10 dB，不能满足要求，所以需要改进设计。考虑用指数渐变来降低反射损耗。为了对比效果，指数渐变天线的开口也选为一个波长，其他尺寸不变，天线结构如图 2.5-3 所示。

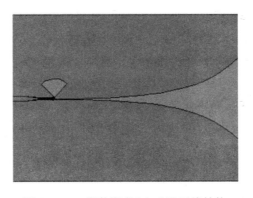

图 2.5-3　指数渐变(vivaldi)天线结构

这两种渐变天线低频段的 S_{11} 对比如图 2.5-4 所示，其中指数渐变天线在 1.7 GHz～8 GHz 范围内，除了在 2.2 GHz～2.6 GHz 处反射损耗略大于 −10 dB 外，其他频点的反射损耗均在 −10 dB 以下，可见指数渐变天线能很好的降低天线的反射损耗。

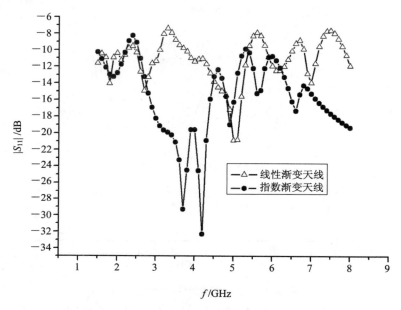

图 2.5-4　线性和指数渐变天线的 S_{11} 对比图

两者方向图对比如图 2.5-5 所示，指数渐变天线在 1.7 GHz 处的 E 面和 H 面增益均高于线性渐变天线，分析原因可能是指数渐变天线增加了天线的有效辐射长度。在 8 GHz 中频处，线性渐变天线的 E 面和 H 面增益高于指数渐变天线，而波束宽度和旁瓣电平却低于指数渐变天线，这验证了线性渐进开槽天线具有高指向性和低旁瓣的性质。在 1.7 GHz 处，线性渐变天线增益约为 3.5 dB，指数渐变天线增益约为 4.4 dB，两个天线的增益均偏小，须想办法提高低频端增益。而在高频端 12 GHz 处，指数渐变天线比线性渐变天线具有更高的前后辐射比和更窄的 H 面波束宽度。

加栅栏后 E 面和 H 面方向图均有改善，且天线尺寸缩小了。但是如何在改善场型的同时提高低频端增益，增加增益稳定性，却未见相关文献报道。通过改进栅栏的设计，在两边增加不同深度的栅栏，在改善场型的同时，较大地提高了低频段增益，且增加了整个频段增益的稳定性。

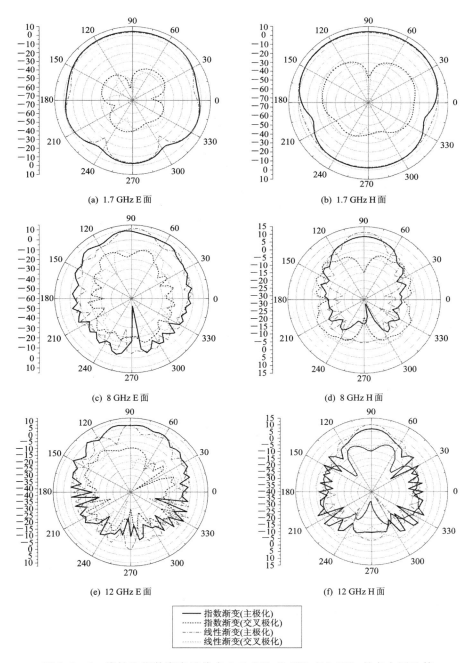

(a) 1.7 GHz E 面

(b) 1.7 GHz H 面

(c) 8 GHz E 面

(d) 8 GHz H 面

(e) 12 GHz E 面

(f) 12 GHz H 面

——— 指数渐变(主极化)
········· 指数渐变(交叉极化)
—·—·— 线性渐变(主极化)
—··—·· 线性渐变(交叉极化)

图 2.5-5 线性和指数渐变天线在 1.7 GHz/8 GHz/12 GHz 的方向图比较

2.5.3 天线的栅栏优化分析

为了在指数渐变天线的边缘设计合适的栅栏，先分析指数渐变天线在低频处的电流分布。指数渐变天线在 1.7 GHz 处的电流分布如图 2.5 - 6 所示。

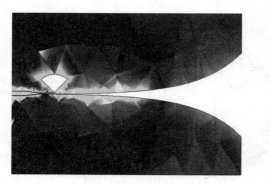

图 2.5 - 6　指数渐变天线在 1.7 GHz 处的电流分布

由电流分布图可知，在渐变槽附近的电流较大，这是有效辐射区，应尽量不要破坏。在渐变末端的外沿电流分布较多，这部分电流可能会回流至馈电端，使 S_{11} 增加且影响辐射场型，应想办法消除。考虑削掉一部分靠近渐变终端的金属，以改善场型。为了改善低频段性能，在天线两边加了不同深度的栅栏：靠近辐射终端的栅栏深度较浅，是为了不破坏渐变槽的电流分布；靠近馈源处深度较深是因为该段电流较小，而且一部分电流会从馈源直接流向栅栏，由栅栏辐射出去。由于栅栏深浅不一，两边呈对称梯形，栅格间距离很小（远小于 $\lambda/4$），使得天线两边形成规则偶极子阵，馈源附近的栅栏在辐射效果上起反射作用，而靠近天线开口终端的栅栏起引向作用。整个天线的辐射效果是由两边的栅栏辐射和渐变开槽处辐射的叠加，由于两种辐射都有端射效果，使得天线低频处的增益更大，端射效果改善明显。而在高频段，天线波长相对较小，天线电流主要集中于渐变开槽附近，所以辐射效果的改善没有那么明显，但也有一定的改善。图 2.5 - 7(a)、(b)、(c)分别为天线在 1.7 GHz、8 GHz、12 GHz 处的电流分布。从图(a)明显看出，1.7 GHz 处栅栏电流较大，渐变槽附近电流反而不那么明显，这是因为低频处电长度较小，使得行波效应不明显。随着频率升高，天线电长度增大，这时天线电流主要集中于渐变槽附近，行波效果明显，而栅栏的辐射效果随着频率的升高逐渐减弱了，如图(b)、(c)所示。

栅栏深浅会影响金属表面电流分布，栅栏太深会使电流从中间渐变段直接流向栅栏，从而影响反射损耗和辐射场型，而深度不够对改善场型、提高增益效果不大，所以优化栅栏深度很重要。图 2.5 - 8 为不同栅栏深度 d 的低频段

S_{11}图，图示栅栏深度取为$d=35$ mm 时，反射损耗均在-10 dB 以下，仿真结果显示此时的增益最高。

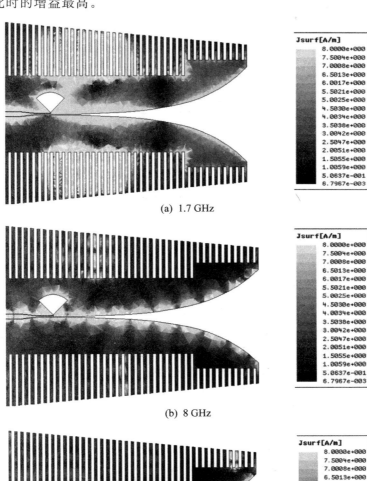

(a) 1.7 GHz

(b) 8 GHz

(c) 12 GHz

图 2.5－7　天线的电流分布

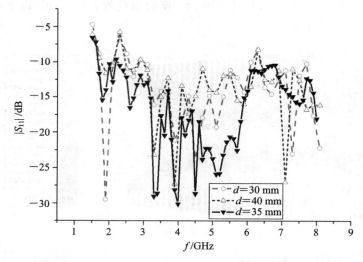

图 2.5 - 8　不同栅栏深度的天线 S_{11} 图

2.5.4　仿真与测试结果

　　天线仿真的反射系数如图 2.5 - 9 所示，在 1.7 GHz～13.3 GHz 范围内反射损耗均小于 -10 dB，说明天线具有良好的带宽特性。该天线与指数渐变天线的方向图对比如图 2.5 - 10 所示，由图(a)、(b)可见，1.7 GHz 处增益改善明显(由4.4 dB 增加为 7.7 dB)，而且副瓣更低，E 面波瓣更窄，辐射前后比更大。8 GHz 和

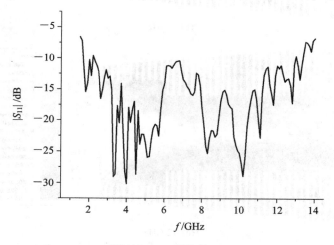

图 2.5 - 9　天线的 S_{11}

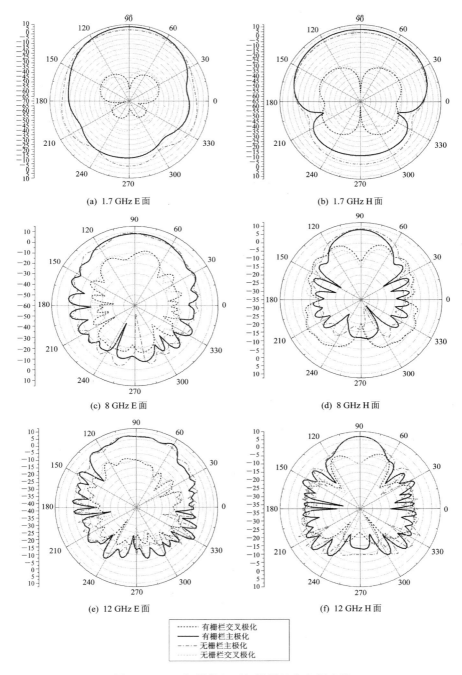

(a) 1.7 GHz E 面

(b) 1.7 GHz H 面

(c) 8 GHz E 面

(d) 8 GHz H 面

(e) 12 GHz E 面

(f) 12 GHz H 面

有栅栏交叉极化
有栅栏主极化
无栅栏主极化
无栅栏交叉极化

图 2.5-10　加栅栏与不加栅栏的方向图比较

12 GHz 处，加栅栏与不加栅栏增益相差不大，但副瓣更低，辐射前后比更大，辐射场型更对称。天线在整个频段增益均在 7 dB 以上，说明天线增益稳定，克服了渐变开槽天线低频段增益不高的缺点。而且主波束具有较高的端射对称性，天线旁瓣和波瓣前后比都得到了改善，说明天线的整个性能都有较大的提高，图 2.5－11 为天线增益随频率变化的曲线，通过对比可见低频段增益改善明显，且整个频段增益稳定。

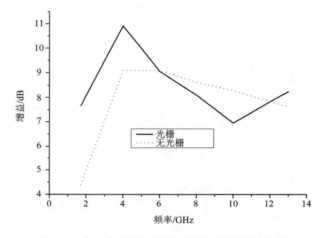

图 2.5－11　加栅栏与不加栅栏的天线增益比较

　　天线实物如图 2.5－12 所示，天线制作在单面板上。图 2.5－13 为天线测试结果及其与仿真的比较图。实测图靠近低频处，分别有一小段的频率对应的反射损耗略大于－10 dB，而且通过与仿真结果对比可知，实测值与仿真结果存在一定的误差，这可能是由于测试没有在暗室里进行且测试受到周围环境和旁边实验仪器的影响的结果。图 2.5－14 为天线实测与仿真方向图的比较。

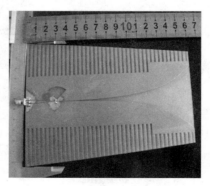

图 2.5－12　天线实物图

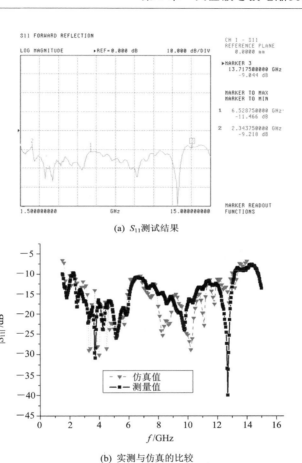

(a) S_{11} 测试结果

(b) 实测与仿真的比较

图 2.5 - 13　天线测试结果及其与仿真的比较

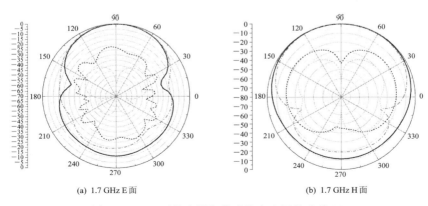

(a) 1.7 GHz E 面　　　　　　　　　　　(b) 1.7 GHz H 面

图 2.5 - 14　天线实测与仿真的方向图的比较(1)

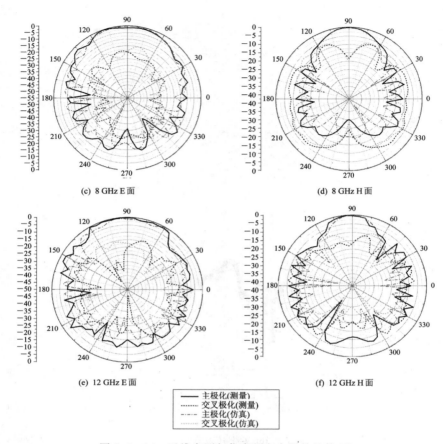

(c) 8 GHz E 面

(d) 8 GHz H 面

(e) 12 GHz E 面

(f) 12 GHz H 面

主极化(测量)
交叉极化(测量)
主极化(仿真)
交叉极化(仿真)

图 2.5-14　天线实测与仿真的方向图的比较(2)

2.6　本章小结

　　本章首先介绍了共面波导至槽线的几种形式，并且分别论述了其优缺点，为选择合适的转接形式打下了基础。通过论述，并结合要设计的转接频段和宽频带的特点，设计了非均衡的扇段短路槽线转接器。通过对其影响特性较大的几个参数进行优化仿真，并对仿真结果进行分析研究，逐步选取了最优的尺寸值；设计了频带范围为 1.7 GHz～13.3 GHz 共面波导馈电的渐变开槽天线，并在天线外边缘加上优化设计的栅栏，较大地提高了低频段增益，天线在整个频带范围内辐射场型对称，端射特性较好，增益较高且稳定，最后给出了仿真和测试结果。

第 3 章　共面波导馈电的双模天线

3.1　引　　言

双模天线指的是一个天线可以工作在不同的工作模式下，进而可以实现不同的功能，因此对于通信设备小型化、降低设计成本以及解决天线之间的电磁兼容问题有着广泛的应用前景。

本章首先对共面波导中的传输模式进行了分析，为了抑制其中的耦合槽线寄生模式，对空气桥结构的工作原理及其加工进行了探讨，推导了空气桥结构对共面波导传输特性的影响；最后，设计了一个耦合渐变槽线天线，该天线可以工作在共面波导和耦合槽线两种模式下，分别产生"和"与"差"两种截然不同的方向图，并重点对该天线的馈源部分进行了研究。

3.2　共面波导的传输模式

共面波导传输线作为一种平面结构，应用广泛，但是诸多的研究主要集中在共面波导模式方面。实际上，共面波导传输线可以传输两种工作模式：一种是共面波导模式；另一种是耦合槽线模式。图 3.2-1 所示为共面波导传输线结构，其中箭头表示了电场在两缝隙之间的分布情况。图(a)所示为共面波导中常用的共面波导模式，两缝隙之间的电场取向相反，使得由缝隙向自由空间耦合的能量相互抵消，引起的辐射损耗较小，所以共面波导模式得到了广泛的应用。然而，对于耦合槽线模式(如图(b)所示)，其两缝隙之间的电场取向相同，辐射损耗较严重，通常在共面波导电路中需要尽量抑制耦合槽线模式。

耦合槽线模式相对于共面波导模式除了在传输过程中辐射损耗较大外，还由于耦合槽线结构属于非平衡结构，与同轴电缆直接连接产生耦合模式也比较困难，这样也限制了耦合槽线模式在微波电路与天线中的应用。

在共面波导传输线中，耦合槽线模式通常是由于传输线的不连接性或者是由于两端缝隙的不对称性引起的，为了达到抑制耦合槽线模式的目的，通常会在共面波导的不连续处采用空气桥结构。

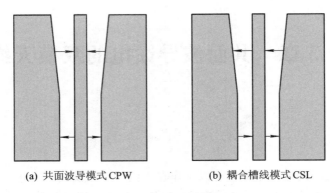

(a) 共面波导模式CPW   (b) 耦合槽线模式CSL

图 3.2-1　共面波导传输线的两种工作模型

　　图 3.2-2 给出了两种传输模式在加载有空气桥结构的共面波导传输线的传输情况。图(a)假设共面波导传输线工作于共面波导模式，由于空气桥的存在，两端地平面构成一个等势体，与共面波导模式电场分布相一致，所以共面波导模式可以不受空气桥的影响而继续前行；然而，图(b)假设共面波导传输线工作于耦合槽线模式，由于耦合槽线模式的电场分布与空气桥构成的等势体不一致，空气桥相对于耦合槽线模式起短路的作用，所以耦合槽线模式遇到空气桥则会沿原路反射回去，不能继续前行。

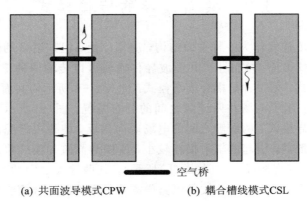

空气桥

(a) 共面波导模式CPW   (b) 耦合槽线模式CSL

图 3.2-2　空气桥结构在共面波导传输线的作用

　　对于存在不连续或是不对称性的共面波导传输线很容易激励起耦合槽线模式，为了抑制耦合槽线模式引起的负作用，通常会需要使用两个空气桥结构，如图 3.2-3 所示。当共面波导模式沿着传输线前行时，可以完全通过空气桥 1，由于传输线不连接性的存在，传输模式变成共面波导模式与耦合槽线模式的混合模式，当遇到空气桥 2 时，其中的共面波导模式可以继续前行，而耦合

槽线模式由于空气桥的短路作用完全反射回去，当耦合槽线模式再一次经过不
连续处时，它会分解成共面波导模式与耦合槽线模式，其中的共面波导模式通
过空气桥 1 回到输入口，变成反射系数的一部分，而耦合槽线模式由于空气桥
1 的短路作用继续反射回去，经过反复振荡，最终可以稳定并达到消除耦合槽
线模式的目的。

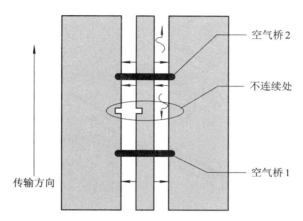

图 3.2 - 3　空气桥在共面波导不连续处的应用

3.3　空气桥电路的分析

图 3.3 - 1 为一典型的空气桥的模型。空气桥部分可以等效为并联在共面
波导传输线的电容器，其值为

$$C_{\text{a-bridge}} = \frac{W_{\text{m}} S \epsilon_0}{h_{\text{a}}} \tag{3.3.1}$$

加载空气桥的 W_{m} 段具有的特性阻抗为

$$Z_{01} = \sqrt{\frac{L_{\text{CPW1}}}{\left[C_{\text{CPW1}} + (C_{\text{a-bridge}}/W_{\text{m}}) \right]}} \tag{3.3.2}$$

其中，C_{CPW1} 表示 W_{m} 段共面波导传输线的分布电容，L_{CPW1} 表示 W_{m} 段共面波导
传输线的分布电感。

而未加载空气桥的传输线具有的特性阻抗为

$$Z_{00} = \sqrt{\frac{L_{\text{CPW0}}}{C_{\text{CPW0}}}} \tag{3.3.3}$$

根据传输理论，具有特性阻抗 Z_0 的传输线可以等效的分布电容与电感值
分别为

$$C_0 = \frac{1}{v_p Z_0} = \frac{\sqrt{\varepsilon_{\text{eff}}}}{c Z_0} \quad \left(\frac{\text{F}}{\text{m}}\right) \tag{3.3.4}$$

$$L_0 = \frac{Z_0}{v_p} = \frac{Z_0 \sqrt{\varepsilon_{\text{eff}}}}{c} \quad \left(\frac{\text{H}}{\text{m}}\right) \tag{3.3.5}$$

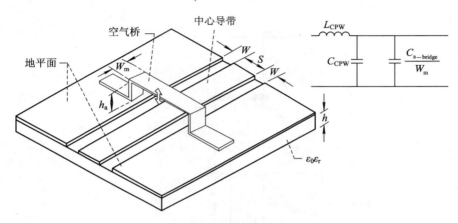

图 3.3-1　金属片空气桥结构及其等效电路

由于加载空气桥与未加载空气桥部分的共面波导传输线尺寸不变，则有 $C_{\text{CPW1}} = C_{\text{CPW0}}$，$L_{\text{CPW1}} = L_{\text{CPW0}}$，所以 $Z_{01} \neq Z_{00}$。

为了保持加载空气桥后，共面波导传输线的特性阻抗不发生改变，需要在 W_m 段增加串联的电感值 L_{CPW1} 或者减小电容值 C_{CPW1}。

如图 3.3-1 所示，在 W_m 段可以采用特性阻抗大于 Z_{00} 的共面波导传输线，根据公式（3.3.4）和公式（3.3.5），这样可以同时增加串联电感值 L_{CPW1} 和减小电容值 C_{CPW1} 来维持 $Z_{01} = Z_{00}$。

根据共面波导传输线特性阻抗的计算公式，如果保持 $S + 2W$ 不变的情况下，减小 S 值，可以增大共面波导传输线的特性阻抗。

如图 3.3-2 所示，通过优化参数 L 可以保持 CPW 良好的传输特性。

以上是对金属片空气桥的研究，其基本的原理可以指导空气桥结构的设计。通常在实际的设计过程中，经常采用金属导柱来加工空气桥结构，图3.3-3中给出了三种形式的空气桥结构。其中，(a)图所示的空气桥为诸多文献中采用的形式。然而，此种空气桥结构存在以下加工的难度：① 空气桥高度不容易控制；② 空气桥与共面波导相对位置不容易固定。鉴于以上不足，这里提出了两种新形式的空气桥结构，如图(b)和图(c)所示。图(b)所示的空气桥结构虽然与共面波导的相对位置可以通过介质板上的通孔来确定，但是空气桥的高度仍然难以控制，最后，提出了图(c)所示的空气桥结构，这种空气桥的高度可以通过介质的厚度来固定。

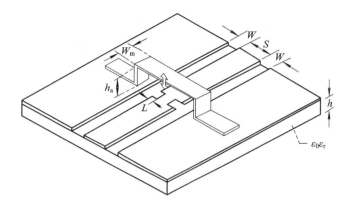

图 3.3 - 2　改进的空气桥结构

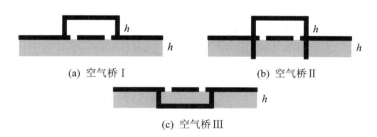

(a) 空气桥 I　　　　　　　(b) 空气桥 II

(c) 空气桥 III

图 3.3 - 3　三种空气桥形式

　　为了分析三种空气桥结构的特性，这里在厚度为 1.6 mm 的 FR - 4 介质板上，加工了共面波导结构，并焊接了三种形式的空气桥结构，其中空气桥距离共面波导的高度为 1.6 mm，与介质板厚度相一致。空气桥导线的半径为 0.5 mm。

　　图 3.3 - 4 所示为三种形式空气桥结构对共面波导传输线 S 参数的对比图。从图中可以看出，空气桥的存在会对共面波导传输线的特性有一定的影响，但是并不明显。对比三种空气桥结构形式，从加工的难易程度来看，空气桥 III 形式优于空气桥 II 形式，更优于空气桥 I 形式，但是从对电路传输特性的影响来看，却存在着相反的结果。综合以上情况，这里选取空气桥 II 形式，并尽量减小空气桥进入介质板的深度。

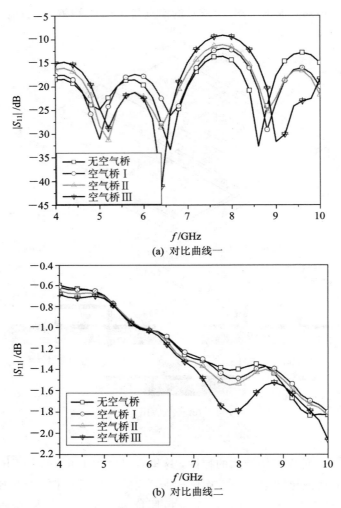

(a) 对比曲线一

(b) 对比曲线二

图 3.3 - 4　三种空气桥结构共面波导传输线的 S 参数对比曲线

3.4　双模天线的设计

3.4.1　辐射部分

　　由第 2 章可知，渐变槽线天线（TSA）是一种端射行波类印刷天线，其辐射单元具有较宽的带宽，并可获得中等高的增益。但一般结构的 TSA 单元，尚存在副瓣电平较高、两个平面波瓣等化性欠佳等缺点。对此，东南大学的章文勋教授等曾提出一种新型耦合渐变槽线天线结构（CTSA）图，如图 3.4-1 所示。该结构除了具有一般 TSA 的优点，并对天线辐射性能有所改进外，还具有在和/差波束跟踪中的应用前景；并且通过初步实验研究，发现单片 CTSA 可以降低副瓣电平，提高增益，改善 E 面和 H 面波束的对称性。

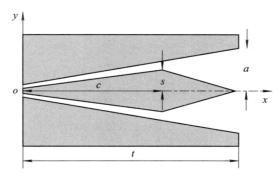

图 3.4-1　CTSA 耦合渐变槽线天线

由于耦合槽线传输线可以同时支持两种基本的工作模式，因此，耦合渐变槽线天线可以工作于多种模式下，产生具有和波束与差波束的方向图，有着广泛的应用前景。

另外，由于耦合渐变槽线天线辐射机制的特殊性，还没有严谨的理论来支持它究竟是属于漏波天线还是表面波天线，因此，至今此种天线仍然没有设计公式可以参考，只能通过数值计算来分析与设计。但是，可以借鉴渐变开槽天线的一些经验公式来初选天线的几何结构，通常天线的长度要大于 $2\lambda_0$，天线的开口要大于 $\lambda_0/2$。

根据 2.4 节渐变开槽天线的设计准则，为了实现宽带的要求，对章文勋教授等人提出的耦合渐变开槽天线进行了改进，把天线部分由线性渐变开槽改成指数渐变开槽的形式，因此，本章提出了指数渐变的 CTSA 天线，其几何结构如图 3.4-2 所示。

对开槽渐变天线采用指数渐变的形式，在图 3.4-2 中所示的坐标系下，$y_2 - y_1$ 随 x 满足指数变化规律，假设上半空间的曲线为函数 $f(x)$，则有

$$ax + b - f(x) = c + e^{kx} \tag{3.4.1}$$

其中参数 a、b 由通过点 $(0,1.8)$ 和点 $(100,25)$ 的直线方程求出，参数 c、k 通过条件 $f(0)=1.5$，$f(100)=0$ 求出。点 $(0,1.8)$ 是通过与馈源尺寸相同而得出的。

可以得出

$$f(x) = 0.232x + e^{0.316x} + 0.5 \tag{3.4.2}$$

以上设计的天线的中心频率为 6 GHz，其波长为 50 mm，天线的各项参数

处于设计准则的边缘，主要是出于天线小型化的考虑。

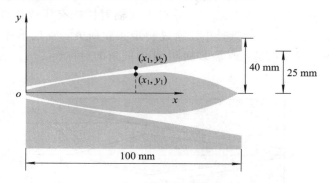

图 3.4 - 2   本章设计的天线部分的结构图

3.4.2 馈源部分

在实际的工作应用中，直接产生耦合槽线模式是不可能的，这里采用共面波导馈电的耦合过渡来激励起耦合槽线模式，其中馈电结构如图 3.4 - 3 所示。

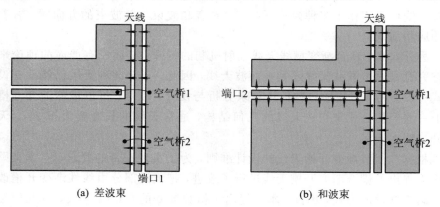

(a) 差波束

(b) 和波束

图 3.4 - 3   CPW 馈电结构

在设计的馈电结构中，两种模式可以同时激励也可以单独激励。这一无源网络是基于共面波导线来设计的三端口器件，其中，端口 1 与端口 2 连接同轴线电缆，而另一端口与天线连接。两个共面波导线通过空气桥 1 实现能量的耦合，而空气桥 2 实现抑制端口 2 的输入能量进入端口 1 中。

在图（a）中，激励信号通过端口 1 进入馈电网络，在共面线中激励起了宽频带的共面波导模式，并馈入天线。在图（b）中，端口 2 仍然激励起共面波导模式，但是，CPW 模式信号通过空气桥 1 耦合到另一共面波导线上，并激励起了耦合槽线模式的信号。对于耦合槽线模式信号，空气桥 2 起到了短路的作用并把耦合槽线信号反射回去,因此,耦合槽线信号几乎全部传到了天线上。

设计的馈源结构如图 3.4－4 所示,采用低成本的 FR－4 介质板,其介电常数为 4.4,高度为 1.6 mm;对于端口 1 与端口 2 均采用特性阻抗为 50 Ω 的共面波导传输线,因此取中心导带宽度 $S＝3.0$ mm,两端缝隙宽度 $g＝0.3$ mm。其他参数如图 3.4－4 中所示,$L_1＝10$ mm,$L_2＝10$ mm,$L_3＝6$ mm,$g_2＝0.8$ mm。为了增加端口 2 的耦合强度,采用了与中心导带宽度 S_1 相同的金属片来设计空气桥结构,并设计两个空气桥高于介质板 1.6 mm,两个空气桥之间相距为 iso_L。端口 2 的工作带宽可以由 iso_L 来决定,通常会选取 iso_L＝$\lambda_{CSL}/4$(λ_{CSL} 表示共面波导中耦合槽线模式的波长),而对于耦合槽线模式的波长,并没有直接公式可以使用,于是运用传输线仿真软件 TxLine2003 来计算槽线的波长并作为参考,可以求得,iso_L＝10 mm 对应于槽线在 5.5 GHz 时的四分之一波长。下面分析变量 S_1 对转换电路特性的影响,如果考虑空气桥的直径,那么应该对应高于 5.5 GHz 的工作频率。

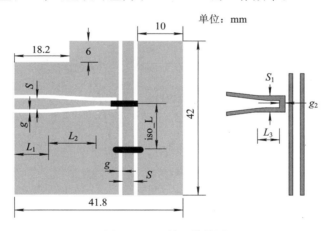

图 3.4－4 馈源结构图

针对仿真软件 HFSS 无法模拟耦合槽线模式的端口,并且为了研究该转换电路的特性,设计了如图 3.4－5 所示的转换电路的背靠背电路模型,通过分析 4 个端口的 S 参数来研究转换电路的特性。根据前面分析的理论,当端口 1 工作时,端口 3 通过共面波导模式可以接收到信号,而端口 2 和端口 4 应该处于隔离状态;同时,当端口 2 工作时,端口 4 通过共面波导模式转耦合槽线模式和耦合槽线模式转共面波导模式的两次转换可以接收信号,而端口 1 和端口 3 应该处于隔离状态。

图 3.4－6 所示为端口 2(和端口)工作时,背靠背转换电路的反射系数与传输损耗随变量 S_1 变化的关系。从图中可以看出,随着变量 S_1 增加,端口 4 与端口 2

之间的传输特性变好，而且工作频带逐渐展宽。说明当金属片的宽度和与金属片连接的端口 2 的信号线宽度都增加时，可以更加有效的把端口 2 中共面波导模式转换成耦合槽线模式。需要注意的是，单个转换电路的传输损耗是背靠背转换电路传输损耗的一半，采用背靠背结构是因为耦合槽线不能采用 SMA 头来接收。

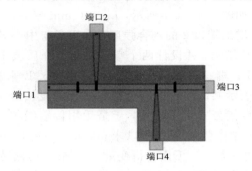

图 3.4 - 5　转换电路的背靠背后仿真模型

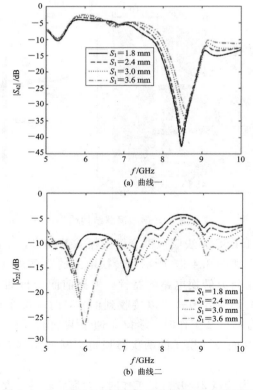

(a) 曲线一

(b) 曲线二

图 3.4 - 6　端口 2(和端口)工作时的 S 参数特性

图 3.4-7 所示为端口 1（差端口）工作时，背靠背转换电路的反射系数与传输损耗与变量 S_1 之间的关系。从图中可以看出，随着变量 S_1 减小，端口 3 与端口 1 之间的传输特性变好。

通过以上分析，选取变量 $S_1 = 3$ mm。

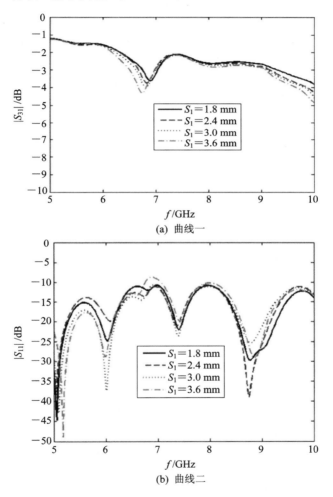

(a) 曲线一

(b) 曲线二

图 3.4-7　端口 1（差端口）工作时的 S 参数特性

3.4.3　双模天线的整体结构

将前面设计的辐射部分与馈源部分连接，则天线的整体结构如图 3.4-8 所示，各部分的几何尺寸与前面所述一致，图 3.4-9 给出了天线的加工实物图。

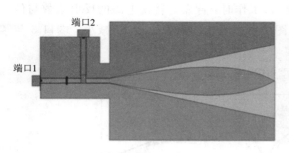

图 3.4-8　天线的整体结构图

图 3.4-9　天线的加工实物图

图 3.4-10 给出了端口 1（差端口）的反射系数曲线的对比图，从图中可以看到，测试结果与仿真结果吻合较好。从仿真结果可以看出，对于端口 1，从 5.0 GHz 以后，该天线在较宽的频带内反射系数均小于－10 dB，而测试的反射系数在个别频率点上出现了大于－10 dB 的现象。分析原因是，该天线虽然可以看做两个开槽天线，但是彼此距离较近，不能简单地采用单个开槽天线的设计经验进行设计，同时，由于两个空气桥的寄生效应以及焊接工艺粗糙等因素，使超宽带天线在个别频点上的性能被恶化了，通过采用将在 4.3 节所讲述的方法可以克服空气桥的寄生效应。

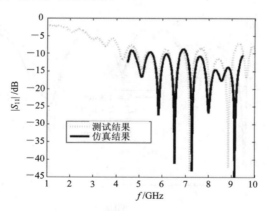

图 3.4-10　端口 1 的反射系数曲线的对比图

图 3.4-11 给出了端口 2（和端口）的反射系数曲线的对比图，从图中可以看到，测试结果与仿真结果吻合较好；端口 2 从 5.8 GHz 到 7.7 GHz 的反射系数均小于－10 dB。

两个端口的频率特性不同，主要原因是端口 1 属于宽频带的开槽天线，而端口 2 的工作频带较窄，这主要是由共面波导模式转耦合槽线模式的转换电路所限而导致的结果。

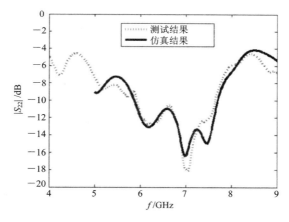

图 3.4 - 11   端口 2 的反射系数曲线的对比图

图 3.4 - 12 给出了天线分别工作于 5 GHz、7 GHz 和 9 GHz，端口 1 给天线馈电时的天线的远场方向。从图中可以看出，天线的远场方向图为"差"波束形式，该波束在天线辐射方向上具有 -20 dB 的零深，并且随着工作频率的增加，两个波瓣逐渐靠近，旁瓣电平逐渐降低，方向性更加明显。图 3.4 - 13 给出了天线分别工作于 6 GHz 和 7.5 GHz，端口 2 给天线馈电时的天线的远场方向图。从图中可以看出，天线的远场方向图为"和"波束形式，该波束在最大辐射上均具有较好的极化纯度，交叉极化电平小于 -25 dB，但是，对于"和"波束，天线辐射方向图存在明显的不对称性，这主要是由于馈电部分的不对称性引起的。

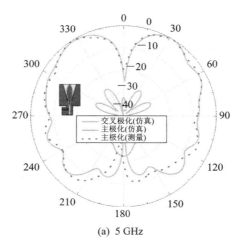

(a) 5 GHz

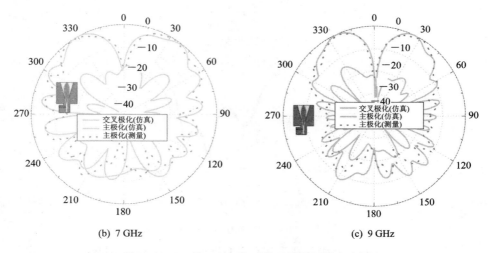

(b) 7 GHz   (c) 9 GHz

图 3.4-12　端口 1 工作时的天线的远场方向图

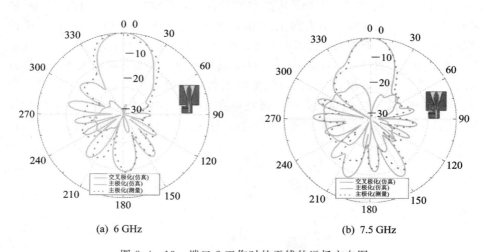

(a) 6 GHz   (b) 7.5 GHz

图 3.4-13　端口 2 工作时的天线的远场方向图

图 3.4-14 给出了不同工作状态时，天线峰值增益随频率变化的曲线。从图中可以看出，"差"波束的峰值增益大于 6 dB；"和"波束的峰值增益变化较大，主要是受限于转换电路的影响，在 5 GHz～7.5 GHz 的频率范围内，"和"波束具有较稳定的增益。分析天线增益较低的原因：一是转换电路有传输损耗；二是耦合槽线模式在传输进程有损耗；三是采用了高损耗的介质板。

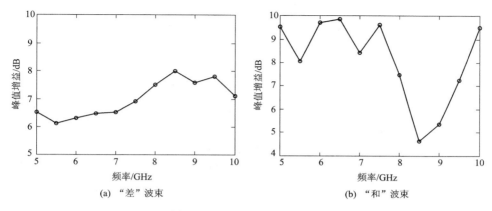

图 3.4 - 14 天线的峰值增益

3.4.4 应用前景

随着无线电通信的发展,当前的交通工具通常会装有大量的无线电设备,如个人通信设备、导航设备和雷达等。进一步说,未来的汽车将被称做"移动中的办公室"或者是"移动中的国际互联网终端"。但是,由于无线电服务设备的骤增必然会引起车载天线数量的增加,因此,成本、重量和电磁兼容问题也成为车载天线发展的一个重要的限制因素。

对于智能交通工具上的雷达天线的研究主要集中在前向雷达与后向雷达。前向雷达主要为汽车提供防撞和导航等信息,但是汽车两侧的方向属于前向雷达的盲区,需要额外的雷达来探测两侧的信息。后向雷达可以避免倒车时的碰撞,而完成这一任务通常需要四个探头或者是多个天线来提供比较全面的信息,然而,多天线必然会产生前面提出的各种问题。因此,多功能天线便应运而生,即一个天线可以完成多个天线的功能。本章研究的 CPW 馈电的多模天线,充分利用了 CPW 可以传输两种模式的特性,通过采用不同模式给天线馈电实现了"和"波束与"差"波束的方向图,"和"方向图可以提供正前方的信息,"差"方向图可以提供两侧的信息,进而,一个天线完成了两个天线的功能。

本章设计的天线也可以应用于汽车的侧面探测系统(Side Deteciton System,SDS),图 3.4 - 15 所示的是国外重型卡车上加装的 SDS,该系统主要辅助司机完成汽车的换道。对于大型的重型卡车,当司机需要换道时,司机通常会转移注意力来观察侧视镜与后视镜,甚至有时候需要把头探出驾驶室来观察周围的车况,这样势必会带来安全隐患,因此 SDS 系统便应用而生。由于 SDS 系统中的雷达仅需要给司机提供警告信息,所以 SDS 系统对天线仅需要较低的分辨率，这里设计的天线可以产生 SDS 系统所需要的方向图，有着在 SDS 系统中应用的前景。

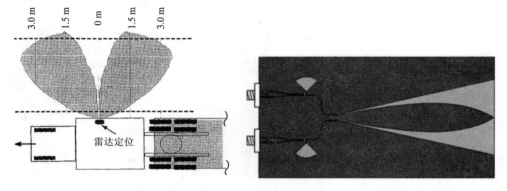

图 3.4-15　国外 SDS 的应用示意图　　　图 3.4-16　具有角度跟踪的天线形式

　　该天线的优点是两种模式可以同时工作，也可以单独工作，两个端口之间互不影响。发射的"和"波束与发射的"差"波束在空间具有互补特性，增加了该天线的应用领域。

　　虽然该天线可以发射"和"波束与"差"波束，但是它却不具有角度跟踪的功能，主要是由于转换电路不具有此种功能，如果要实现"差"波束具有角度跟踪的功能，可以采用如图 3.4-16 所示的天线形式。

3.5　本章小结

　　本章设计了一种新型的指数渐变耦合开槽天线，该天线可以工作在共面波导模式与耦合槽线模式，然而，由于耦合槽线模式的不平衡特性，由同轴线直接产生该模式比较困难，限制了该天线在工程中的应用。因此，本章改进并设计了一种三端口转换电路，该转换电路可以直接产生耦合槽线模式，并对转换电路进行了深入研究，通过把该转换电路与设计的耦合渐变开槽天线相结合，设计的天线具有如下优点：两种模式可以同时工作，也可以单独工作，两个端口之间互不影响。发射的"和"方向图与发射的"差"方向图在空间具有互补特性，增加了该天线的应用领域。

第 4 章　共面波导馈电的单极子天线

4.1　引　　言

平面单极子天线作为超宽带天线中一个重要的类型，由于其本身结构简单，具有低剖面、低成本、宽带、全向辐射等特性，在短距离无线通信系统中，获得了广泛的应用。本章从平面单极子超宽带天线的设计原理出发，分析了国内、外相关文献所介绍的展宽频带技术，研究和设计了一个 CPW 馈电的超宽带天线，并对设计的天线进行了频域和时域分析。

4.2　平面单极子超宽带天线

4.2.1　平面单极子超宽带天线概述

平面单极子天线的基本结构如图 4.2-1 所示。该天线由三部分组成：辐射贴片、馈电网络、部分地板以及损耗和厚度都很小的介质衬底。通常介质衬底的厚度只有一个或几个毫米。平面单极子天线与微带天线的结构不同之处在于：在金属辐射贴片对应的介质衬底另一侧的金属地板被去除，也就是采用了

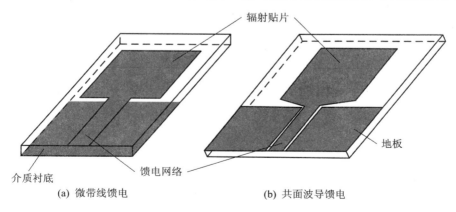

(a) 微带线馈电　　　　　　　　　　(b) 共面波导馈电

图 4.2-1　平面单极子天线的基本结构

部分地板结构。平面单极子天线具有微带天线的大部分优点，如剖面薄、体积小、重量轻、制造成本低、适合于大批量生产、馈电网格可以与天线结构一起集成等，同时，平面单极子天线避免了微带天线的缺点，如能获得很宽的频带、天线辐射性能对介质参数变化不敏感等。现在的平面单极子天线从辐射贴片形状分为矩形平面单极子天线、圆形平面单极子天线、蝶形平面单极子天线、三角形平面单极子天线等；从馈电方式上分为微带馈电平面单极子天线、共面波导馈电平面单极子天线等。

　　本章将重点研究共面波导馈电平面单极子超宽带天线。

4.2.2　平面单极子天线的设计原理

　　平面单极子天线的尺寸主要是由其低频段决定的。对于规则形状的辐射贴片的平面单极子天线，驻波比达到某个规定值所对应的低频点可以用圆柱体近似法进行估算，图4.2-2给出了圆柱体基本模型。圆柱体沿其母线剪开即可得到一个矩形，这也就是所要估算的矩形辐射贴片，如图4.2-3所示。

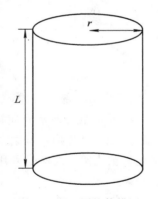

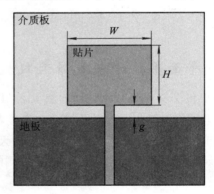

图 4.2-2　圆柱体模型　　　　图 4.2-3　矩形辐射贴片平面单极子天线

据文献[116]有：

$$L = 0.24 \times \lambda \times F \tag{4.2.1}$$

$$f = \frac{\dfrac{L}{r}}{1 + \dfrac{L}{r}} = \frac{L}{L + r} \tag{4.2.2}$$

由公式(4.2.1)与(4.2.2)可以得到：

$$\lambda = \frac{L}{0.24 \times f} = \frac{L}{0.24 \dfrac{L}{L+r}} = \frac{L+r}{0.24} \tag{4.2.3}$$

$$f_{\rm L} = \frac{c}{\lambda} = \frac{300 \times 0.24}{L + \lambda} = \frac{72}{L + r} \tag{4.2.4}$$

其中 $f_{\rm L}$ 为低频点频率，单位为 GHz，L、r 的单位为 mm。

公式(4.2.4)未考虑馈入间隙(Feed Gap)g 的影响，若将此参数并入圆柱体高度中，则公式(4.2.3)可以修正为

$$f_{\rm L} = \frac{72}{L + r + g} \tag{4.2.5}$$

其中 L、r、g 的单位为 mm。

用以上公式可以得到较好的近似，初步可用来设计天线原型。也就是说用此方法可以找出平面单极子天线的初始尺寸，在实际平面单极子天线的设计过程中，可以在此初始尺寸的基础上再做优化设计，从而节省设计时间。公式(4.2.5)表明，影响天线低频的主要参数是 L、r、g，其中 g 是影响重大的参数，当 g 减小时，会造成辐射贴片和接地板间的电容性增加，引起阻抗不匹配，因此实际天线设计过程中应十分小心。再比较参数 L 和 r，对于矩形辐射贴片而言，辐射贴片的宽度 W 与圆柱模型的参数 r 的关系为 $W = 2\pi r$，因此相对辐射贴片的长度 L，宽度 W 的权重较小，也就是说参数 L 对天线低频点的影响比 W 大，这也非常有利于指导实际的天线设计。由于馈电间隙在很大程度上影响天线的阻抗匹配，因此对于由共面波导馈电的平面单极子天线的设计类似于微带馈电平面单天线的设计，可以通过微调馈电间隙，以获得较好的阻抗匹配。

4.3　天　线　结　构

根据单极子天线的工作原理，结合缝隙天线采用"U"型调谐枝节可以展宽频带，本节对一种新型的三叉戟馈电技术进行了研究。图 4.3 - 1(a)、(b)分别

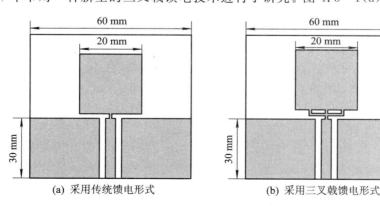

(a) 采用传统馈电形式　　　　　(b) 采用三叉戟馈电形式

图 4.3 - 1　两种馈电形式的天线模型

表示为采用传统馈电和三叉戟馈电形式的方形单极子天线，其中，两个天线具有相同的几何结构。图 4.3 - 2 给出了计算得到的两个天线反射系数的对比曲线，从仿真结果中可以看出，采用三叉戟馈电形式后，天线的驻波带宽相比原天线的驻波带宽增加了几乎三倍之多。

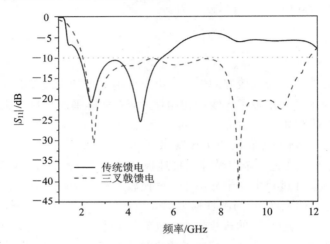

图 4.3 - 2　两种馈电形式的天线特性对比图

　　应用三叉戟馈电技术，并结合一些其他展宽频带的技术，图 4.3 - 3 给出了本章研究的 CPW 馈电的单极子天线。该天线主要由两部分组成：馈电部分与辐射单元。馈电部分采用共面波导馈电，其好处是可以将馈电与天线辐射面放在同一平面，这样天线的馈电线路很容易与后端的射频电路连接起来，易于与 PCB 电路集成，并且能在一定程度上改善天线的阻抗匹配特性。为了进一步展宽共面波导馈电单极子天线的工作带宽，该天线采用了以下技术：（1）馈电部分采用渐变技术，把共面波导馈线两端的地平面蚀刻成椭圆的形式，来达到馈电部分逐渐过渡，进而避免信号传输的不连续突变；（2）矩形辐射单元采用倒圆角技术，使电流可以光滑地流动，避免棱角引起的方向图不断恶化，改善带宽特性；（3）采用了三叉戟结构来给辐射贴片进行馈电，从单点馈入方式改变为三点馈入方式，增加了贴片电流的均匀分布，三个馈入点相互作用提高了输入阻抗的稳定性，进而可以增加天线的工作带宽。图 4.3 - 4 示出了该天线由普通单极子天线演变而来的过程。

　　图 4.3 - 3 中还给出了该天线的几何结构图，采用介电常数为 4.4 的 FR - 4 介质板，其厚度为 1.6 mm，为了实现特性阻抗为 50 Ω 的共面波导传输线，共面波导中间信号线宽为 3 mm，与两边地平面之间的间距为 0.3 mm，其他参数示于图中。为了分析三叉戟结构对带宽的影响，选取以下三个关键参数作为研

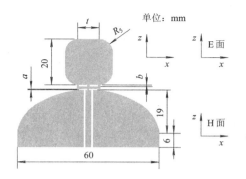

图 4.3 - 3　CPW 馈电的单极子天线

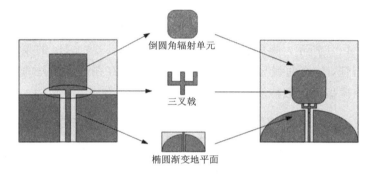

图 4.3 - 4　单极子天线的演变过程

究的主要变量：参数 a 表示三叉戟与共面波导地平面之间的间距；参数 b 为三叉戟伸出部分的长度；参数 t 表示三叉戟部分三个节点的宽度。通过优化，选取 $a = 0.5$ mm，$b = 1$ mm 和 $t = 9$ mm 作为天线的基本结构。图 4.3 - 5 给出了该天线的加工实物图。

图 4.3 - 5　天线的加工实物图

4.4 结果与讨论

4.4.1 频域特性

在进行天线频域分析中采用了 Ansoft 公司的 HFSS 软件。Ansoft HFSS 软件采用的电磁场数值方法是有限元方法(FET)，拥有自适应划分网格和杰出的图形界面。HFSS 可用于计算 S 参数、谐振频率和电场，然而，对于频域计算，该软件存在宽频带计算时间长、稳定性差等不足之处，因此，通常会采用分段频率扫描来改善仿真的精度。在本节中，把计算频段分解成三个分频段进行计算：1 GHz～5 GHz、5 GHz～8 GHz 和 8 GHz～14 GHz。

如图 4.4-1 所示，测量反射系数在 2.1 GHz～13.4 GHz 的频段内均小于 −10 dB，而且，仿真曲线与测量曲线基本上一致，存在轻微误差的主要原因是由 FR-4 介质板的色散特性引起的。

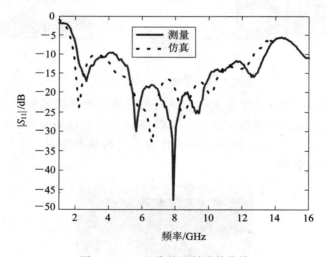

图 4.4-1 天线的反射系数曲线

图 4.4-2～图 4.4-4 分别给出了天线在 3.0 GHz、6.0 GHz 和 9.0 GHz 时的远场仿真与测量曲线。从图中可以看出，测量方向图与仿真方向图基本一致，在水平面上，天线满足单元极子天线的全方向特性，在垂直面上，天线满足"8"字形的方向特性。当频段逐渐增高时，天线的方向图出现了轻微的畸变，这主要是由于天线的几何尺寸与工作波长相比拟引起的。图 4.4-5 示出了天

线在 3 GHz～12 GHz 频段内的增益仿真曲线，天线的增益均大于 3.0 dB，而且，在整个频段内增益波动比较小。

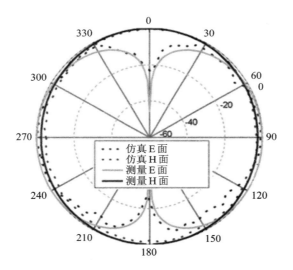

图 4.4-2 工作于 3.0 GHz 时的天线远场方向图

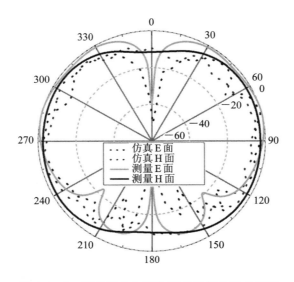

图 4.4-3 工作于 6.0 GHz 时的天线远场方向图

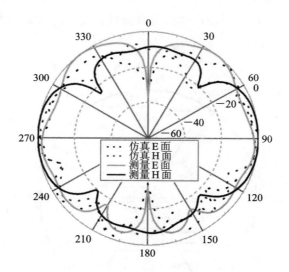

图 4.4 - 4　工作于 9.0 GHz 时的天线远场方向图

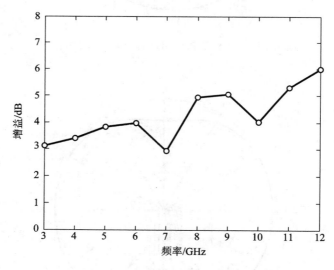

图 4.4 - 5　天线的增益仿真曲线

图 4.4 - 6 中给出了变量 a 取不同值时，天线反射系数变化的情况，此时 $b=1$ mm，$t=9$ mm。从图中可以看出，当变量 a 从小到大变化时，在 -10 dB 曲线的带宽内，低频点变化不明显，而高频点逐渐向低端偏移，因此，带宽逐渐减小，然而，当变量 a 取值太小时，3 GHz 频点处的反射系数会大于 -10 dB，不能满足带宽要求。因此，在这里选取变量 $a=0.5$ mm。

图 4.4-7 中给出了变量 b 取不同值时，天线反射系数变化的情况，此时 $a=0.5$ mm，$t=9$ mm。从图中可以看出，反射系数曲线随变量 b 变化的规律与随变量 a 变化的规律基本上一致，这主要是变量 a 与变量 b 的变化对辐射贴片上电流的均匀分布影响较小。最后，选取变量 $b=1$ mm。

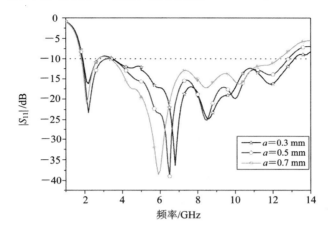

图 4.4-6　反射系数随变量 a 变化的情况

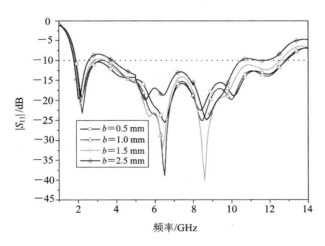

图 4.4-7　反射系数随变量 b 变化的情况

图 4.4-8 中给出了变量 t 取不同值时，天线反射系数变化的情况，其中 $a=0.5$ mm，$b=1$ mm。从图中可以看出，当变量 t 取不同值时，天线反射系数曲线在 2 GHz～5 GHz 的频段内没有发生明显的变化，然而，在 5 GHz～14 GHz 的频段内变化比较剧烈。当变量 t 减小时，−10 dB 曲线的高频点向高

端偏移，主要原因是变量 t 的变化引起了辐射贴片上电流分布的变化；在维持贴片上同样长的电流路径时，当变量 t 较小时，天线需要工作于较高的频率，但是，当变量 t 太小时，反射系数曲线在 8 GHz 处发生较明显的恶化。综合考虑天线几何尺寸与加工条件，选取变量 $t=9$ mm。

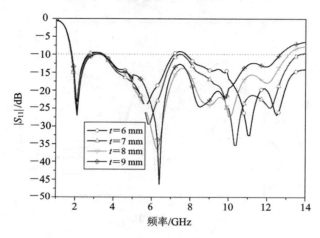

图 4.4－8　反射系数随变量 t 变化的情况

通过对以上变量的分析可知，对于三叉戟结构的馈电形式，影响共面波导馈电的贴片天线反射系数的主要因素是馈电节点之间的间距。

4.4.2　时域特性

超宽带通信是一种无载波通信或脉冲通信，信号具有极窄的时间宽度，经由天线辐射后脉冲信号波形的变化也是表征天线性能的重要方面。该性能在频域上体现为天线的相频响应，但由于难以直观地反映这一过程，因此从时域上进行分析则显得更为直观。

通过上面对天线的频域分析可知，该天线可以工作于 2.1 GHz～13.4 GHz 频段内，然而，对于超宽带通信，FCC 规定其使用的频谱范围为 3.1 GHz～10.6 GHz，因此，在时域分析中，本节主要关心符合 FCC 频谱规定的时域脉冲的辐射性能。图 4.4－9 给出了 FDTD 编程所使用的加窗脉冲信号，从图中可以看出，该时域脉冲满足 FCC 规定的频谱范围。

脉冲天线辐射的是包含频率范围为数吉赫（GHz）的窄脉冲信号，由于天线的非理想特性（天线存在空间色散与频率色散），窄脉冲经过天线辐射后会产生畸变，为了衡量脉冲的畸变程度，引入了相关特性来评价脉冲信号的扭曲度，用归一化输入电压与远场区归一化电场的最大相关性来定义，公式表示为[117]

$$\rho = \max_{\tau} \left\{ \frac{\int s_1(t) s_2(t-\tau)\, \mathrm{d}t}{\sqrt{\int s_1^2(t)} \ \sqrt{\int s_2^2(t)\, \mathrm{d}t}} \right\} \tag{4.4.1}$$

其中：$s_1(t)$ 为天线输入脉冲信号；$s_2(t)$ 为天线远场区电场强度的时域响应信号；τ 为使上式分子值最大的延迟参数。这里应用保真度的基本概念，对时域响应进行定性的分析。

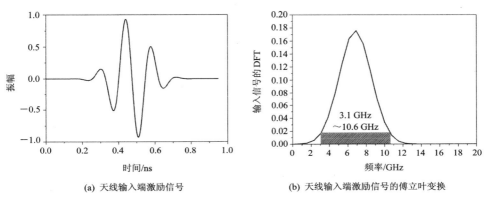

(a) 天线输入端激励信号　　　　　(b) 天线输入端激励信号的傅立叶变换

图 4.4 - 9　天线输入端激励信号及其傅立叶变换

图 4.4 - 10～图 4.4 - 12 分别给出了天线在水平面和垂直面上各个方向的远场区电场时域响应信号。从图中可以看出，在水平面上，天线各个角度的远场时域响应与输入信号基本上一致，只有在与介质板垂直的方向上发生了轻微的畸变，而沿介质板的方向上信号的保真度较高，随着角度偏向垂直介质板，

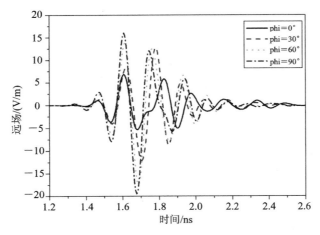

图 4.4 - 10　theta＝90°平面 phi 取不同角度时远场时域响应

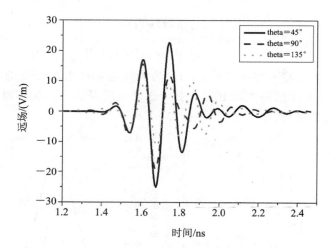

图 4.4－11　phi＝0°平面上 theta 取不同角度时远场时域响应

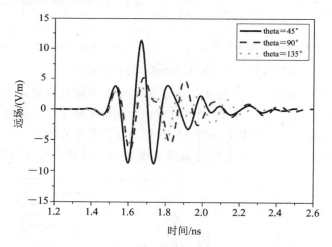

图 4.4－12　phi＝90°平面上 theta 取不同角度时远场时域响应

保真度逐渐降低。于是可以得出如下结论：在相同的高低角方向上，与介质板平行面内的远场时域响应优于与介质板垂直面内的远场时域响应；同时，在同一方位面内，当远场方向略高于水平面（即 theta 略小于 90°）时，远场时域响应的保真度较高。

通过以上分析，可以得出以下结论：

（1）所设计的天线的辐射脉冲较好地保持了原来的形状，而且辐射脉冲的形状基本不依赖于天线的方向性。

（2）相比于水平面方向，所设计的天线的辐射脉冲在略高于水平面的方向

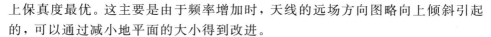

上保真度最优。这主要是由于频率增加时，天线的远场方向图略向上倾斜引起的，可以通过减小地平面的大小得到改进。

（3）把该形式的天线应用于 FCC 所规定的超宽带通信时，可以进一步减小天线的几何尺寸。

4.5　本 章 小 结

本章论述了一种新型的共面波导馈电的超宽带天线，该天线运用三叉戟馈电方式、椭圆地平面和矩形辐射器倒圆角等技术来展宽天线的工作频带，并运用电磁仿真软件 HFSS 对天线进行了频域分析，研究了三叉戟几何结构与天线带宽性能之间的关系，测量结果表明该天线可以工作于 2.1 GHz～13.4 GHz 的频段内。同时，运用时域有限差分法计算了该天线在超宽带通信中的应用情况，给出了天线空间辐射波形，可以用来指导时域超宽带天线的设计。

第5章 共面波导馈电的圆极化天线

5.1 引　言

近年来，共面波导馈电的圆极化天线得到了长足的发展，各种形式的圆极化天线相继被提出，其性能也得到了大大的提升。本章从圆极化天线产生的机理出发，首先介绍平面天线实现圆极化的方法；然后论述一种共面波导馈电的圆极化缝隙天线；最后研究 I. Jen Chen 提出的圆极化天线阵，并结合顺序旋转馈电技术，分析一种改进的天线，使其性能得到显著的改善。

5.2 平面天线圆极化实现方法

极化是天线的一项重要特性，也是天线在实际使用中经常关注的一项指标。天线在某个方向的极化是天线在该方向所辐射电磁波的极化或在该方向获得最大接收功率时入射平面波的极化。它表征了空间上定点电场强度矢量的取向随时间变化的特性，并用电场强度矢量的端点随时间变化的轨迹来描述。也就是说，极化是时变电场端点的运动状态。电场强度矢量端点轨迹的旋转方向规定为沿着波传播方向观察的旋转方向。将无衰减均匀平面波的瞬时电场在垂直于其传播方向（z 方向）的平面内分解为两个相互垂直的分量，根据两个场分量的振幅和相位关系，波的极化可以分成线极化、圆极化或椭圆极化。一般情况下，沿 z 方向传播的均匀平面波的 E_x 和 E_y 分量都存在，可表示为

$$E_x = E_{xm}\cos(\omega t - kz + \varphi_x) \tag{5.2.1}$$
$$E_y = E_{ym}\cos(\omega t - kz + \varphi_y) \tag{5.2.2}$$

合成波的形式取决于 E_x 和 E_y 分量的振幅之间和相位之间的关系。为简单起见，取 $z=0$ 的给定点来说明，这时式(5.2.1)和式(5.2.2)可以写为

$$E_x = E_{xm}\cos(\omega t + \varphi_x) \tag{5.2.3}$$
$$E_y = E_{ym}\cos(\omega t + \varphi_y) \tag{5.2.4}$$

若电场的 x 分量和 y 分量的相位相同或相差 π，即 $\varphi_y - \varphi_x = 0$ 或 $\pm\pi$ 时，合成波为线极化波。

若电场的 x 分量和 y 分量的振幅相等、但相位相差 $\pi/2$，即 $E_{xm} = E_{ym} =$

E_m、$\varphi_y - \varphi_x = \pi/2$ 时，合成波为圆极化波。

若电场的 x 分量和 y 分量的振幅和相位都不相等，就构成了椭圆极化波。

用微带天线产生圆极化波的关键是产生两个空间正交、幅度相等、相位相差 $90°$ 的线极化波。目前，利用微带天线实现圆极化辐射主要有以下几种方法。

（1）单馈法：单馈的圆极化微带天线主要通过破坏平衡性来实现圆极化。这种方法主要基于空腔模型理论，利用简并模分离单元产生两个辐射正交极化的简并模工作。这种方法的关键在于确定几何微扰，即如何选择简并模分离单元的大小和位置以及恰当的馈电点。这种天线无需外加相移网络和功率分配器，结构简单，成本低，适合小型化，实现方案多样，适于各种形状的贴片，但缺点是带宽窄，圆极化性能比较差。

（2）多馈法：多馈法是通过精心设计馈电网络来实现对辐射贴片的幅度相等和相位相差 $90°$ 正交馈电。采用 T 型分支或 3 dB 电桥等馈电网络，利用多个馈电点给微带天线馈电，由馈电网络保证圆极化工作条件。这类设计的关键在于馈电网络的设计。多馈法的采用可以提高天线驻波比带宽及圆极化带宽，抑制交叉极化，改善轴比。但馈电网络较复杂，成本较高，尺寸较大。

（3）多元法：使用多个线极化辐射单元，原理与多馈法相似，是将每一馈电点都分别对一个线极化辐射元馈电，通过对单元天线位置的合理安排来达到辐射圆极化波的目的。有并馈或串馈方式的各种多元组合，可看做天线阵。这种方法具有多馈法的优点，同时馈电网络较为简单并且增益高，但天线结构复杂，成本较高，尺寸较大。

5.3　圆极化缝隙天线设计的基本思想

目前的圆极化天线主要是以微带线馈电为主，而采用共面波导馈电设计的圆极化平面天线相对较少。采用微带线馈电的天线是基于空腔模型理论，利用简并模分离元产生两个正交极化的、相位相差 $90°$ 的简并模工作，利用几何微扰的方法实现天线圆极化特性，比如在贴片表面切角[118]，在圆形表面开槽[119]等。用单馈点实现圆极化，一般的天线很难获得很大的阻抗带宽，这是由其高 Q 值的谐振本性所决定的，天线谐振频率的准确性也受到影响。文献[120]给出了一种宽带圆极化贴片天线，该天线采用在贴片边缘切角的方法实现圆极化，通过探针对顶层贴片进行馈电。虽然 U 型槽技术的运用使得天线的阻抗带宽有所展宽，但在 L 波段，阻抗带宽仅达到了 15.2%。此外，该天线（如图 5.3 - 1所示）还依赖于相对介电常数很高的厚介质材料来实现天线的小型化，而缝隙天线在很大程度上降低了对介质材料的依赖性。

图 5.3 - 1　文献[120]给出的天线实物图

　　CPW 馈电的平面天线由于其辐射单元和馈电单元在同一平面内，易于和有源器件集成从而形成多种馈电方式，因而近年来受到较多的关注[121]。相比较于微带馈电，采用 CPW 馈电能够在减少天线辐射损耗的同时，降低天线特性阻抗对介质板材料相对介电常数以及厚度的依赖程度。

　　文献[122]采用 CPW 馈电，给出了一种能够运用于地下探测的蝶形缝隙的单极子天线（如图 5.3 - 2 所示）。通过采用 CPW 馈电的蝶形缝隙，使得天线阻抗带宽达到了 20.5%，比同等条件下加载矩形缝隙阻抗带宽提高了将近一倍，更重要的是这种缝隙结构的改变使得天线的尺寸减小了 76%。

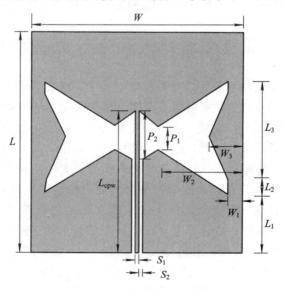

图 5.3 - 2　采用共面波导馈电的蝶形缝隙单极子天线结构图

　　近年来采用单馈系统实现圆极化的方法受到了很大的关注，多种缝隙天线被提出[123]，特别是宽缝天线。在文献[124]中给出了一种 CPW 馈电的圆形缝隙天线（如图 5.3 - 3 所示），在天线的接地板一侧加载了一个弓形的枝节，从而激励出圆极化辐射波。为了能够获得较大的阻抗带宽，天线缝隙部分和馈电部分的结构也有所改进，各种不同结构的圆极化缝隙天线也相继被提出。文献[125]提出了一种宽频圆极化缝隙天线（如图 5.3 - 4 所示），两个中心对称的矩形缝隙结构是用来产生圆极化波，在共面波导的一侧还增加了一个矩形缝隙，用来改善天线的阻抗特性，该天线轴比带宽达到了 33%，阻抗带宽达到 71%。

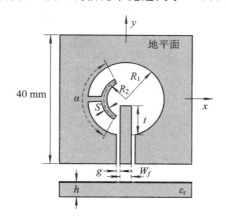

图 5.3 - 3　文献[124]给出的圆形缝隙天线结构图

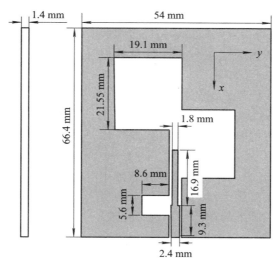

图 5.3 - 4　文献[125]中提到的宽频圆极化缝隙天线结构图

多重圆环缝隙的加载[126][127]以及在缝隙背面加载共形贴片[128]均是产生圆极化波的可行方法。Jia Yi Sze、Kin Lu Wong 和 Chieh Chin Huang[129]提出了一种新型宽带圆极化缝隙天线（如图 5.3-5 所示）。T 形的金属贴片从接地板水平伸向矩形缝隙中心获得圆极化波，改变了馈线结构，获得了较好的圆极化带宽。

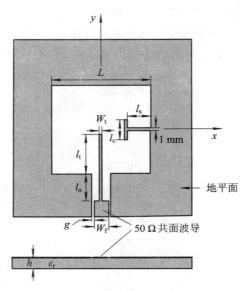

图5.3-5　文献[129]中所提出的新型宽带圆极化缝隙天线结构图

运用不对称缝隙结构来实现圆极化的方法已逐渐成为研究热点[130]。文献[131]将螺旋结构的缝隙运用到圆极化宽带天线的设计中就是一个很好的例子（如图 5.3-6 所示），该天线阻抗带宽达到了 87%，圆极化带宽达到了 43%。由此可见，螺旋缝隙天线良好的圆极化辐射特性以及频率的稳定性可以很好地应用于无线通信领域。

文献[132]给出了一种新型的具有缝隙不对称结构的宽频圆极化天线（如图 5.3-7 所示），四个不对称的圆形缝隙产生出圆极化波，同时减小天线的尺寸，四个矩形缝隙的引入在进一步减小天线尺寸的基础上使得该天线具

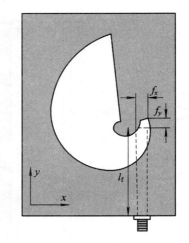

图 5.3-6　文献[131]所提出的螺旋缝隙天线结构图

有更好的圆极化辐射方向性。

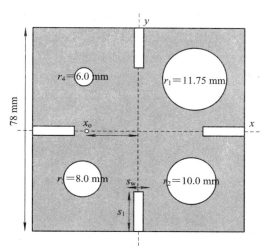

图 5.3 - 7　文献[132]给出的具有不对称缝隙结构的圆极化天线结构图

综上所述，采用 CPW 馈电方式使得天线的制造更加简单也更容易集成，在取消了过孔和绕线的同时使天线辐射损耗大大降低[133]，能够满足无线通信领域的应用需要。缝隙中枝节的加入能够改善天线阻抗带宽辐射性能[134]。产生圆极化波的方式很多，而选择采用不对称缝隙结构来实现圆极化的方法，已悄然成为当前研究的热点。

5.4　天　线　结　构

本章所设计的天线采用了共面波导馈电，是一种具有新型结构且工作在 WiMAX 频段的圆极化缝隙天线。该天线的缝隙部分由大小相等的两个圆组成，在缝隙内部加入了一个杯形的贴片。馈电部分的共面波导左侧加入了一段矩形枝节，在另一侧的相同位置有一处凹陷，与矩形枝节面积相等。天线结构图如图 5.4 - 1 所示，图中深色部分为金属，白色部分为介质。天线辐射单元和 CPW 均印制在相对介电常数 $\varepsilon_r = 4.3$、厚度 $h = 1.5$ mm 的环氧玻璃布板 (FR - 4)同一面上，基板面积为 70 mm×60 mm，天线由 50 Ω 的 CPW 直接馈电。

图 5.4 - 1 中两个圆形缝隙分别位于共面波导的两侧，两圆心相距 17.1 mm，两圆心连线与介质板下沿呈一定角度，这种不对称的缝隙结构是产

生圆极化波的来源。通过改变两个圆形缝隙半径大小和角度来调整天线的工作频率，使得天线能够工作在 WiMAX 频段并获得较好的阻抗带宽。缝隙左侧杯形枝节的加入，延长了电流路径，使得天线的工作频率向低频段偏移。通过调节馈电部分矩形枝节的大小和位置使得天线获得较好的阻抗匹配。

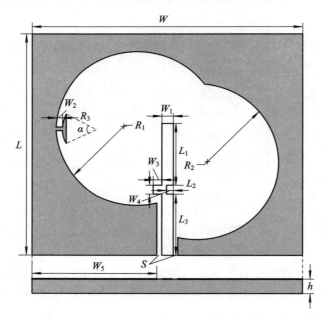

图 5.4-1　平面圆极化缝隙天线结构示意图

5.5　天线结构参数的仿真分析

前面给出了圆极化缝隙天线的结构并分析了天线产生圆极化的原理。本节将着重分析天线结构参数（圆形缝隙半径大小 R_1 和 R_2、矩形枝节位置 L_1 以及杯形枝节）对天线性能的影响。

5.5.1　圆形缝隙半径大小对天线性能的影响

首先研究圆形缝隙半径大小 R_1 和 R_2 对天线性能的影响。用基于有限元法的高频仿真软件 Ansoft HFSS 对所设计的天线（如图 5.4-1 所示）进行建模仿真，计算当 $R_1(R_2)$ 在一定变化范围内时天线的电压驻波比（VSWR），结果如图 5.5-1 所示。

从图 5.5-1 中可以看出圆形缝隙半径的大小对天线驻波比的影响较大。随着圆形缝隙半径的增大，天线电压驻波比值小于 2 的带宽得到了明显展宽，工作频点比较稳定，但当圆形缝隙半径继续增大时，工作频点向高频段移动。

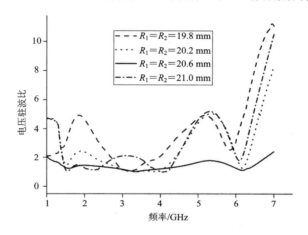

图 5.5-1　R_1 和 R_2 变化时天线电压驻波比仿真结果

5.5.2　矩形枝节位置 L_1 对天线性能的影响

由图 5.4-1 可知，L_1 为馈电部分矩形枝节距离共面波导顶端的长度，保持共面波导长度不变（L_1 与 L_3 之和为固定值，L_2 不变），改变 L_1 的长度即改变了馈电部分矩形枝节的相对位置，而共面波导的总长度是一定的。在保持圆形缝隙大小不变的情况下（$R_1 = R_2 = 20.6$ mm），对天线共面波导长度（即 L_1 在一定范围内变化）进行仿真，计算了天线的轴比带宽，仿真结果如图 5.5-2 所示。

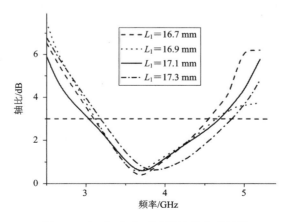

图 5.5-2　L_1 变化时天线轴比仿真结果

　　L_1 的增加实质上是矩形枝节向下移动的结果，从图 5.5 - 2 中可以看出，随着 L_1 从 16.7 mm 增加到 17.1 mm，天线圆极化带宽得到了展宽。虽然圆极化轴比略微有所恶化，但频率的中心比较稳定，工作频点没有发生较大偏移。工作频点的偏移出现在 $L_1=17.3$ mm 时，这是由于馈电部分枝节离接地板太近而改变了天线原有的圆极化阻抗特性。图 5.5 - 3 给出了天线表面的电流分布。

图 5.5 - 3　天线表面的电流分布图

5.5.3　杯形枝节对天线性能的影响

　　在缝隙天线中枝节的加入是产生圆极化波的一种重要的方法。而通过加入贴片枝节来增加电流路径，使得工作频点发生改变也是一种有效的手段。对杯形枝节对天线性能的影响进行仿真计算，如图 5.5 - 4 所示。实线部分为加载杯形枝节后的电压驻波比(VSWR)曲线，虚线部分则为没有加载枝节的电压驻波比曲线，其他参数保持不变。从图 5.5 - 4 中可以看出，在没有加载杯形枝节时，天线的工作频率发生较大偏移，而且出现了较多的谐振频点；在高频部分，较大的电压驻波比值反映了较差的阻抗匹配，从而严重影响了阻抗带宽的宽度；加载了杯形枝节的天线则有着稳定的工作频点和较好的阻抗匹配。

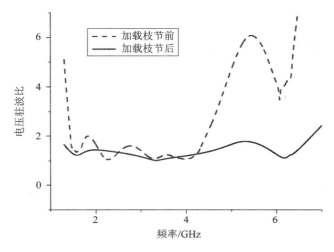

图 5.5-4　杯形枝节对天线电压驻波比的影响

5.6　天线性能分析

上节对天线结构的主要参数进行了分析，给出了各个参数对天线驻波比及轴比的影响，本节将对天线的性能进行分析。天线的性能主要有反射系数、方向图、天线增益等指标，这里所设计的圆极化天线还包括圆极化带宽即轴比带宽这一项指标。天线结构对应的尺寸参数如表 5.6.1 所示，其中 $\alpha = 50°$。通过仿真软件计算了天线的反射系数以及轴比带宽，结果如图 5.6-1 所示。

表 5.6.1　优化后天线结构参数对应尺寸

结构参数	数值/mm	结构参数	数值/mm
W_1	3	L_2	2.5
W_2	1.8	L_3	16.6
W_3	2.0	R_1	20.6
W_4	1.8	R_2	20.6
W_5	32.5	R_3	4.7
L_1	17.1	S	1.0

从图 5.6-1 可以看出天线的谐振频率为 5.31 GHz，阻抗带宽从 1.07 GHz 到 6.79 GHz。天线 3 dB 轴比带宽从 5.04 GHz 到 4.64 GHz，达到了 44.8%，频率中心较稳定，覆盖了 WiMAX 系统（5.3 GHz～5.7 GHz）频段。

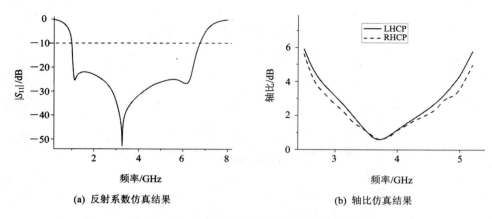

(a) 反射系数仿真结果　　　　　　　(b) 轴比仿真结果

图 5.6 - 1　天线反射系数和天线轴比仿真结果

图 5.6 - 2～图 5.6 - 4 给出了天线工作于左旋（LHCP）和右旋（RHCP）时在 5.04 GHz、5.56 GHz 和 4.64 GHz 的远场方向图仿真结果。从图中可以看出，在圆极化带宽内，天线呈现出了较好的圆极化方向性。在三个频率上，左旋圆极化的辐射方向图要好于右旋圆极化的辐射方向图，而 phi＝0°的辐射方向图略微有所恶化，尤其在 4.64 GHz 时体现得较为明显，这是由于共面波导馈电电路与辐射源在同一面，高频时参与了少量辐射所导致的。

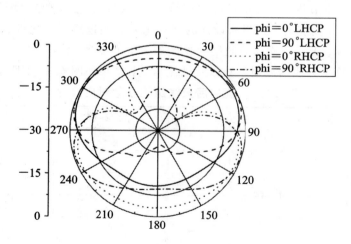

图 5.6 - 2　天线在 5.04 GHz 时远场方向图仿真结果

在圆极化带宽内，天线增益曲线的仿真结果如图 5.6 - 5 所示。从图中可以看出，天线峰值增益可达到 4.4 dBi，在圆极化带宽内，增益稳定在 3 dBi 以上。

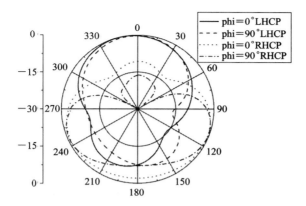

图 5.6-3　天线在 5.56 GHz 时远场方向图仿真结果

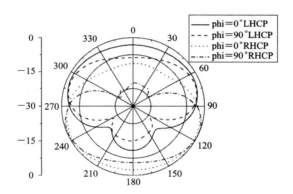

图 5.6-4　天线在 4.64 GHz 时远场方向图仿真结果

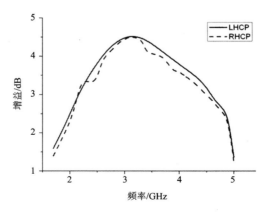

图 5.6-5　天线增益仿真结果

5.7 圆极化缝隙天线的制作与测试

按照表 5.6.1 中经过仿真优化后的尺寸加工制作了圆极化缝隙天线，天线
实物照片如图 5.7-1(a)所示，天线面积为 70 mm×60 mm。用宽带矢量网络
分析仪对天线的反射系数进行测试，天线的反射系数测量结果如图 5.7-1(b)
所示。天线轴比实测结果如图 5.7-2 所示。

(a) 天线实物照片

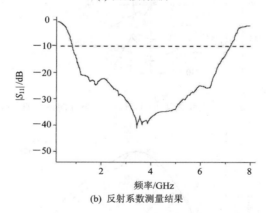

(b) 反射系数测量结果

图 5.7-1 小型化 WiMAX 天线实物照片和反射系数测量值

从图 5.6-1(a)和图 5.7-1(b)可以看出，天线阻抗带宽测量值与仿真结果
基本吻合，实现了天线的宽带化目标，天线可以满足无线通信领域的应用
要求。

从图 5.7-2 可以看出，天线在中心频率 5.31 GHz 处的轴比为 0.5 dB，天
线在 AR＜3 dB 下的轴比带宽达到 1.6 GHz，即 44.8％与仿真结果良好吻合。

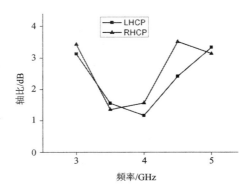

图 5.7-2　天线轴比随频率变化实测结果

图 5.7-3～图 5.7-5 给出了天线在 5.04 GHz、5.56 GHz 和 4.64 GHz 的远场方向图的测量值。天线方向图不是十分光滑，但天线的方向性得到了体现。

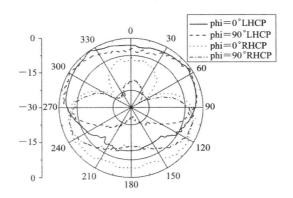

图 5.7-3　天线在 5.04 GHz 时远场方向图测量结果

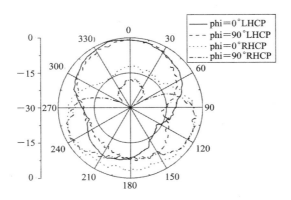

图 5.7-4　天线在 5.56 GHz 时远场方向图测量结果

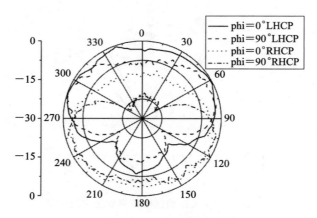

图 5.7 - 5　天线在 4.64 GHz 时远场方向图测量结果

　　天线增益测量值如图 5.7 - 6 所示。从图中可以看出，天线在圆极化带宽内增益出现了轻微波动，峰值增益有细微的变化，但总体趋势保持不变，增益稳定在 3 dB 以上。这并不影响天线应用于无线通信领域，在误差允许的范围内，实测结果说明圆极化缝隙天线应用于 WiMAX 系统中是可行的。

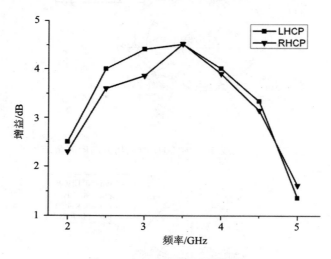

图 5.7 - 6　天线增益测量结果

　　表 5.7.1 列举出了几种同类文献设计的圆极化缝隙天线参数性能对比，从表中可以看出，所设计的 WiMAX 天线在尺寸面积和圆极化带宽方面性能具有较大的优势。

表 5.7.1　同类文献设计的圆极化缝隙天线参数性能对比

对比项 文献	绝对带宽（$\lvert S_{11} \rvert \leqslant -10$ dB） /GHz	天线尺寸 /mm×mm	圆极化带宽相对带宽 （AR$\leqslant 3$ dB）
文献[55]	0.8 (1.7～2.5)	70×70	18.8%
文献[57]	0.02 (0.9～0.92)	78×78	1.2%
文献[58]	4.1 (5.2～7.3)	70×50	43%
本章	5.72 (1.07～6.79)	70×60	44.8%

5.8　CPW 馈电圆极化天线的研究

5.8.1　I. Jen Chen 提出的圆极化天线

　　CPW 馈电的圆极化天线是当前研究的一个热点，当前圆极化天线的轴比带宽可以达到 30%，然而，由于共面波导传输线结构的特殊性，以及对共面波导功分器的研究也比较少，这就限制了大部分性能优越的圆极化天线被应用到阵列天线中。鉴于以上不足，台湾学者 I. Jen Chen 在 2004 年提出了一种新型的圆极化天线，如图 5.8-1 所示，并给出 CPW 馈电的 1×2 和 1×4 的圆极化天线阵，天线阵的 3 dB 轴比带宽只能达到 0.9%。

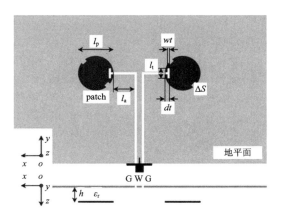

图 5.8-1　I. Jen Chen 提出的 1×2 圆极化天线阵（侧视图与底视图）

5.8.2 共面波导-槽线的 T 型电路模型

对于图 5.8-1 所示的圆极化天线，需要重点研究共面波导-槽线的 T 型电路，下面将以图 5.8-2 所示的不等臂 T 型电路为例进行研究。由于共面波导-槽线的不对称性，容易在共面波导结构中存在两种不同的工作模式，一种是共面波导模式（偶模式），而另一种是耦合槽线模式（奇模式）。

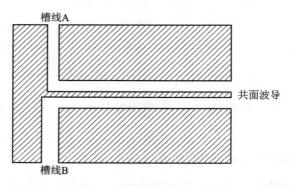

图 5.8-2　共面波导-槽线的不等臂 T 型电路

图 5.8-3 所示为此转换电路的 T 型结点处的电压与电流分布图。其中，V_o、I_o 分别表示共面波导线上耦合槽线模式的电压与电流。V_e、I_e 分别表示共面波导线上共面波导模式的电压与电流。V_{sa}、I_{sa} 分别表示槽线 A 上的电压与电流。V_{sb}、I_{sb} 分别表示槽线 B 上的电压与电流。根据基尔霍夫定理，它们之间存在以下关系：

$$V_{sa} = -\frac{V_o}{2} + V_e, \quad V_{sb} = \frac{V_o}{2} + V_e \tag{5.8.1}$$

或者

$$I_{sa} = I_o - \frac{I_e}{2}, \quad I_{sb} = -I_o - \frac{I_e}{2} \tag{5.8.2}$$

根据公式(5.8.1)和公式(5.8.2)，可以得出

$$\begin{bmatrix} b_e \\ b_o \\ b_{sa} \\ b_{sb} \end{bmatrix} = \frac{1}{3} \begin{bmatrix} -1 & 0 & 2 & 2 \\ 0 & 1 & -2 & 2 \\ 2 & -2 & 0 & 1 \\ 2 & 2 & 1 & 0 \end{bmatrix} \cdot \begin{bmatrix} a_e \\ a_o \\ a_{sa} \\ a_{sb} \end{bmatrix} \tag{5.8.3}$$

其中 $a_\alpha = (V_\alpha + Z_0 I_\alpha) \cdot (4Z_0)^{-1/2}$，$b_\alpha = (V_\alpha - Z_0 I_\alpha) \cdot (4Z_0)^{-1/2}$（$\alpha =$ e, o, sa, sb），Z_0 表示任意的实阻抗值，用来作为归一化入射波与反射波的参考值。

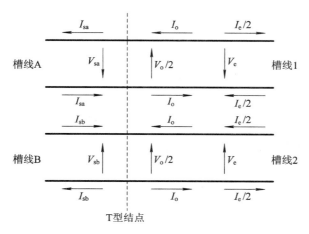

图 5.8 - 3　共面波导-槽线 T 型结点处电压和电流

　　根据公式(5.8.3)，可以把共面波导-槽线的过渡部分等效成图 5.8 - 3 所示的四端口网络，这样便可以直接采用电路的方法来分析与此 T 型结相关的微波电路与微波天线的特性，简化了设计的方法，并可以进行定性的分析与设计初值的选取，还可以结合 Ansoft 公司的 Designer 软件来快速求解。

　　对于对称的共面波导-槽线的 T 型电路，从共面波导端口进行馈电时，理想的情况下，通常不考虑共面波导线中的耦合槽线模式，假设有一个单位能量的共面波导模式馈入，则由公式(5.8.3)得

$$\begin{bmatrix} b_e \\ b_o \\ b_{sa} \\ b_{sb} \end{bmatrix} = \frac{1}{3} \begin{bmatrix} -1 & 0 & 2 & 2 \\ 0 & 1 & -2 & 2 \\ 2 & -2 & 0 & 1 \\ 2 & 2 & 1 & 0 \end{bmatrix} \cdot \begin{bmatrix} 0 \\ 1 \\ 0 \\ 0 \end{bmatrix} \tag{5.8.4}$$

　　可以看出，在共面波导端口会有 1/9 的入射能量反射回来，而在两个槽线端口会各有 4/9 的入射能量转化为槽线模式而输出。

5.8.3　共面波导-槽线的 T 型电路的优点

　　如上面所述，此种共面波导-槽线 T 型电路主要应用于天线阵列技术中的功分器，共面波导与同轴线均属于平衡电路结构，可以实现直接的电气连接，然而槽线电路却不能与同轴线相连，但通过本章介绍的方法则可以实现上述的要求。由于平面天线的诸多优点，因此平面阵列天线也得到了广泛的关注，但是对于平面阵列中功分器的研究主要集中在微带线形式的功分器。现通过与传统微带线功分器的比较，来说明此种功分器的优点。

图 5.8-4 和图 5.8-5 给出了由微带线馈电的二元阵的结构图。如果采用如图 5.8-4 所示的结构形式，正如图中所示的电流流动方向特性，则要求 T 功分器的两个臂长不能相等，如果 L_arm＝R_arm 时，则贴片上电流分布会有 180°的相位差，在介质板的法向方向电磁场分量会相互抵消，不能产生所需要的方向图。只有当 R_arm 与 L_arm 之间相差二分之一微带线传输波长时，贴片上的电流才能够达到同相位，则在介质板的法向方向电磁场分量相互增加，产生所需要的方向图。所以，如果采用形式 I 的微带线馈电，则要求二元阵功分器的两臂不能是相等长度。若要实现功分器两臂等长的二元阵，则可以采用形式 II 的微带线馈电。对于图 5.8-5 所示的功分器结构，功分器在一个臂上多增加了一个直角拐弯，增加了电路不连续节点数，同时也增加了介质板在纵向的长度。

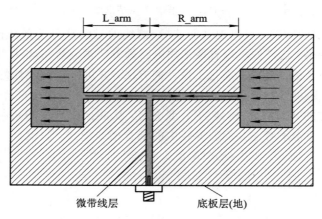

图 5.8-4　传统微带线馈电的二元阵(形式 I)

图 5.8-6 给出了 T 型功分器馈电的二元矩形贴片天线阵。由于采用共面波导-槽线的 T 型电路，在槽线中的电场矢量指向与槽线相垂直，两臂电场矢量同相位分布，当 L_arm 与 R_arm 相等时，贴片上的电流分布如图 5.8-6 所示，电流达到同相位分布，实现能量在介质板法向方向达到最大值。因此，与图 5.8-4 所示微带线馈电的二元阵相比，此结构功分器的两臂可以采用相等长度，介质板横向长度相对可以减小。而与图 5.8-5 所示微带线馈电的二元阵相比，减少了直角拐弯结构，介质板纵向长度相对可以减小。所以，这里采用的共面波导-槽线的 T 型功分器结构与传统微带线功分器相比，其二元天线阵所占用介质板的面积会大大减小。

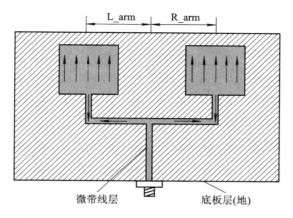

图 5.8-5 传统微带线馈电的二元阵(形式Ⅱ)

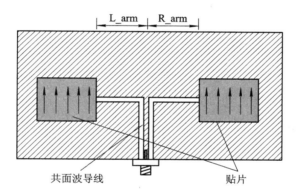

图 5.8-6 T 型功分器馈电的二元阵

通过上面的比较与分析,可以对此种共面波导-槽线的 T 型电路馈电原理有个深入的认识,能够定性地判断由其构成天线阵的工作特性。

下面对 I. Jen Chen 提出的圆极化天线进行分析。

图 5.8-7 给出了如图 5.8-1 所示天线某一时刻从缝隙耦合给贴片上的电流分布情况,可以看出由共面波导-槽线 T 型电路馈电的两个贴片具有相同的相位。其中贴片天线圆极化特性与微带线从 D 点馈入贴片天线的特性相一致,但不能用微带线从 B 点馈入贴片天线来判断。可以运用判断微带线馈电圆极化天线的规律来判断此种馈电圆极化天线的旋向特性,即左、右旋的判断。另外,研究贴片与缝隙耦合之间的工作原理,也为下一节顺序旋转馈电技术的应用提供了理论基础。

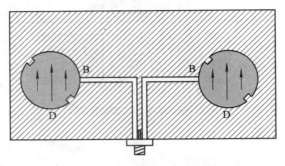

图 5.8-7 贴片与共面波导缝隙之间的耦合原理图

5.9 顺序旋转馈电技术

5.9.1 顺序旋转馈电技术的定义

顺序旋转馈电技术(SRT),即将辐射单元按一定顺序旋转、馈电相位按一定顺序变化的技术,它能显著地增加阵列天线的圆极化纯度和圆极化带宽,通常把采用顺序旋转馈电技术的阵列称为顺序旋转阵列(SRA)。

按顺序旋转技术的要求,阵列中的行有 m 个辐射单元在平面内旋转 φ_{pm},馈电相位要变化 φ_{em},即

$$\varphi_{pm} = (m-1)\frac{p\pi}{nm} \tag{5.9.1}$$

$$\varphi_{em} = (m-1)\frac{p\pi}{m} \tag{5.9.2}$$

式中,p 为一个整数,表示单元在平面内旋转的半圈数;m 是顺序旋转阵列中单元的总数;n 代表波型指数,对于工作在主模的微带天线来说,其值等于 1。

5.9.2 顺序旋转馈电技术的特点

1. 优点

与常规的阵列(辐射单元不旋转、馈电相位一致)相比,顺序旋转阵列具有以下优点:

(1) 能显著增加阵列的轴比带宽。

当辐射单元辐射纯圆极化波(AR=0 dB)时,顺序旋转阵列与常规的阵列天线辐射效果一样;当辐射单元辐射椭圆极化波(AR>0 dB)时,在主辐射方向上,常规的阵列辐射的仍是椭圆极化波,而顺序旋转阵列辐射的是纯圆极化

波；当辐射单元辐射线极化波（AR＝∞）时，在边射方向上，常规的阵列辐射的仍是线极化波，而顺序旋转阵列仍能辐射纯圆极化波。这样，顺序旋转阵列的轴比带宽就比常规的阵列增加了许多。文献[95]中对比了两个 2×4 阵列，顺序旋转阵列的轴比带宽（AR≤3 dB）达到了 14%，是常规阵列的 15 倍。对于顺序旋转阵列可以显著地增加阵列的轴比带宽将在下一节从理论上给予证明。

（2）能增加阵列的驻波带宽。

顺序旋转馈电技术能增加阵列驻波带宽的主要原因有两个，一是相邻辐射单元之间有一定的旋转角度，甚至呈正交，这样减小了互耦；二是馈电相位不一致，输入阻抗的虚部叠加削弱。文献[95]对比了两个 2×4 阵列，顺序旋转阵列的驻波带宽（VSWR≤1.5）达到 13.7%，是常规阵列的 2 倍。

（3）更有利于天线设计。

就 Ka 波段微带贴片单元来说，由于设计误差、加工误差以及微带板的不一致引起的误差，实测值与设计值有时会相差 500 MHz，若采用常规的组阵方式，会造成天线设计失败；但若采用顺序旋转馈电技术来设计，则可以弥补以上的误差，仍然能获得满意的圆极化性能。

2. 缺点

顺序旋转馈电技术的不足在于：

（1）馈电网络复杂，增加了馈电网络的设计难度；

（2）对于线极化辐射单元，采用顺序旋转技术后，交叉极化电平增大，天线的增益会有一定损失，即存在极化增益损失。

在天线的设计过程中，顺序旋转馈电技术的不足在一定程度上是可以克服的，因此，顺序旋转馈电技术是设计宽频带圆极化天线的一种有效方法。

5.9.3　顺序旋转馈电技术的理论证明

鉴于顺序旋转馈电技术的诸多优点，下面将从圆极化波的定义出发，对其可以提高轴比带宽进行定量的证明。

图 5.9-1 给出了单元与三种阵列形式的电场原理图。假设天线为左旋圆极化天线，第二行为单元天线轴比没有畸变时的阵列电场原理图，第三行为单元天线轴比畸变时的阵列电场原理图，其中，畸变是由工作频率偏移中心频率引起的。

从圆极化天线的定义出发来对比三种阵列形式，选取总电场矢量与 y 轴的夹角为 δ，其中，阵列形式 1 为传统的馈电方式，阵列形式 2 为单元之间空间取向相互垂直，而馈入电流无相位差；阵列形式 3 为单元之间空间取向相互垂直，而且馈入电流存在 90° 相位差，也就是采用顺序旋转馈电技术的阵列形式。

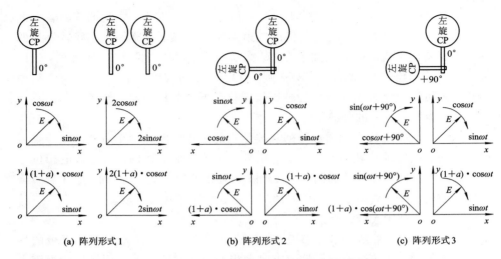

(a) 阵列形式 1   (b) 阵列形式 2   (c) 阵列形式 3

图 5.9 - 1 单元与三种阵列形式的电场原理图

1. 单元不发生畸变时

对于阵列形式 1 有

总电场的幅度：

$$\mathrm{mag}(\vec{E}) = \sqrt{(2\ \cos\omega t)^2 + (2\ \sin\omega t)^2} = 2 \tag{5.9.3}$$

总电场与 y 轴的夹角满足：

$$\tan\delta = \frac{2\ \sin\omega t}{2\ \cos\omega t} = \tan\omega t \tag{5.9.4}$$

对于阵列形式 2 有

总电场的幅度：

$$\mathrm{mag}(\vec{E}) = \sqrt{(\cos\omega t - \sin\omega t)^2 + (\cos\omega t + \sin\omega t)^2} = \sqrt{2} \tag{5.9.5}$$

总电场与 y 轴的夹角满足：

$$\tan\delta = \frac{\sin\omega t - \cos\omega t}{\cos\omega t + \sin\omega t}$$

$$= \frac{-1 + \tan\omega t}{1 + \tan\omega t} = -\tan(45° - \omega t) \tag{5.9.6}$$

对于阵列形式 3 有

总电场的幅度：

$$\mathrm{mag}(\vec{E}) = \sqrt{(\cos(\omega t + 90°) - \sin\omega t)^2 + (\sin(\omega t + 90°) + \cos\omega t)^2} = 2$$

$$\tag{5.9.7}$$

总电场与 y 轴的夹角满足：

$$\tan\delta = \frac{\sin\omega t - \cos(\omega t + 90°)}{\sin(\omega t + 90°) + \cos\omega t} = \tan\omega t \qquad (5.9.8)$$

从以上公式的推导过程中可以看出，在单元的轴比特性不发生变化的情况下，三种阵列天线的轴比特性一致，不会破坏圆极化特性。然而，从天线的增益角度而言，天线阵列形式 2 比其他两种形式会低 3 dB。

2. 单元发生畸变时

假设由于频率的偏差或者各单元的不一致性引起电场分量幅度的变化，变化因子为 $a \leqslant 0$（为了简化分析，相位的影响没有考虑）。

对于阵列形式 1 有

总电场的幅度：

$$\mathrm{mag}(\vec{E}) = 2\sqrt{1 + 2a\cos^2\omega t + a^2\cos^2\omega t} \qquad (5.9.9)$$

总电场与 y 轴的夹角：

$$\tan\delta = \frac{\sin\omega t}{(1 + a)\cos\omega t} \qquad (5.9.10)$$

对于阵列天线 2 有

总电场的幅度：

$$\mathrm{mag}(\vec{E}) = \sqrt{((1 + a)\cos\omega t - \sin\omega t)^2 + ((1 + a)\cos\omega t + \sin\omega t)^2}$$
$$= \sqrt{2} \times \sqrt{1 + 2a\cos^2\omega t + a^2\cos^2\omega t} \qquad (5.9.11)$$

总电场与 y 轴的夹角：

$$\tan\delta = \frac{\sin\omega t - (1 + a)\cos\omega t}{\sin\omega t + (1 + a)\cos\omega t} = \frac{\tan\omega t - 1 - a}{\tan\omega t + 1 + a} \qquad (5.9.12)$$

对于阵列天线 3 有

总电场的幅度：

$$\mathrm{mag}(\vec{E}) = \sqrt{((\sin(\omega t + 90°)) + (1 + a)\cos\omega t)^2 + ((1 + a)\cos(\omega t + 90°) - \sin\omega t)^2}$$
$$= 2 + a \qquad (5.9.13)$$

总电场与 y 轴的夹角：

$$\tan\delta = \frac{(2 + a)\sin\omega t}{(2 + a)\cos\omega t} = \tan\omega t \qquad (5.9.14)$$

从计算中可以看出，对于传统的阵列天线，a 的变化会引起阵列天线 1 与阵列天线 2 的轴比发生畸变；而对于阵列天线 3，a 的变化不会引起轴比的畸变。如果 a 是由于工作频率偏移引起的，那么通过阵列形式 3 可以达到展宽频带的目的。

通过以上分析，可以总结出顺序旋转馈电技术的特点：

（1）如果单元 2 相对单元 1 的旋转方向与极化旋转方向相同，则单元 2 输入口的激励信号的相位需要滞后单元 1 输入口的激励信号的相位相应的角度；如果单元 2 相对单元 1 的旋转方向与极化旋转方向相反，则单元 2 输入口的激励信号的相位需要超前单元 1 输入口的激励信号的相位相应的角度。

（2）如果只旋转单元，而没有相位的补偿，不仅不能改善天线阵的轴比特性，而且增益也相对减小了 3 dB。

通过对顺序旋转馈电技术的定性分析可知，如果单元是左旋圆极化，同时，组成的阵列也满足左旋圆极化，那么由双重同极化特性可以改善阵列的极化特性，其轴比特性优于普通阵列的轴比特性。

5.10 采用顺序旋转馈电的 I. Jen Chen 天线

5.10.1 天线结构

I. Jen Chen 设计的圆极化天线为右旋圆极化天线，为了更加深入地了解 I. Jen Chen 所提出的天线阵的工作原理，本节设计的 I. Jen Chen 天线为左旋圆极化天线，图 5.10 - 1 给出了设计的圆极化天线的几何结构图。

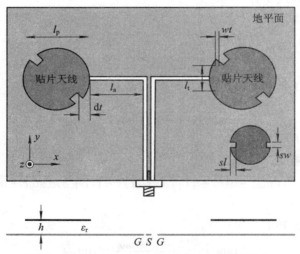

图 5.10 - 1 I. Jen Chen 提出 1×2 左旋圆极化
天线阵的几何结构图

天线蚀刻在 FR - 4 介质板上，其介电常数为 4.4，介质厚度为 1.6 mm。设计天线工作于 4 GHz，可以得出如图 5.10 - 1 所示天线的参数如表 5.10.1 所示。其中，选取 $G = 0.3$ mm 和 $S = 3$ mm 可以达到共面波导线的特性阻抗为 50 Ω，而槽线部分的宽度选取 0.3 mm，可以实现槽线的特性阻抗为 100 Ω。槽线等效为并联连接在共面波导传输线上，可以达到 CPW 到 sl 的完全匹配。贴片天线的直径 $l_p = 20$ mm，主要由工作频率 4 GHz 来决定。

表 5.10.1 图 5.10 - 1 所示天线的几何尺寸

几何变量	G	S	l_a	dt	l_t	wt	l_p	sl	sw
数值/mm	0.3	3	15.7	2.3	8	0.3	20	1.9	2

开槽线圆形贴片天线如果要实现圆极化，通常要满足如下的准则：

$$\frac{开槽的面积(\triangle S)}{贴片的面积(S)} = 0.65\%$$ (5.10.1)

通过优化计算，选取槽的大小为 $sw \times sl = 2 \times 1.9 \ mm^2$。

根据上节对顺序旋转馈电技术的理论分析，图 5.10 - 2(a)所示为两个贴片天线在空间相对旋转了 90°，而两个臂长相等的天线阵，如果从馈电点来看，表示 A 单元相对 B 单元在左旋方向上旋转了 90°，然而，如果从贴片的激励相位来看(也可以从等效微带线馈电来看)，则表示 B 单元相对 A 单元在左旋方向上旋转了 90°。通过理论分析和仿真计算表明，应该选取激励相位来看两单元之间的空间旋转。

在确定了两单元之间的空间旋转特性之后，运用上节对顺序旋转馈电技术总结的规律，在图 5.10 - 2(a)中，单元 B 相对于单元 A 在空间上旋转了 90°，并且旋转方向与天线的极化旋转方向相同，所以，单元 B 输入口的相位要滞后单元 A 输入口相应的 90°，表现在几何结构上，单元 B 的馈线要比单元 A 的馈线长四分之一槽线波长的距离，图 5.10 - 2(b)给出了正确的阵列结构图。

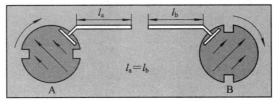

(a) 阵列一

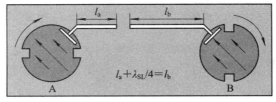

(b) 阵列二

图 5.10 - 2 I. Jen Chen 天线阵的演变过程

通过使用 AWR2007 自带的微波传输线仿真软件 Txline，估算出相应槽线的四分之一波长近似为 12.95 mm。图 5.10 - 3 给出了采用顺序旋转馈电技术的 I. Jen Chen 天线阵结构图。相关的尺寸与图 5.10-1 相一致，其余参数 $l_c=$ 5 mm，$l_a=18$ mm，$l_b=18$ mm $+12.95$ mm $=30.95$ mm。以上参数值是通过 Txline 软件估算的理想值，为了更加符合实际的情况，固定 l_a 的值，采用 HFSS 软件建模并优化 l_b 值。最终求得 $l_b=18$ mm $+13.2$ mm $=31.2$ mm。

图 5.10-4 和图 5.10-5 分别给出了两种阵列天线的实物加工图。

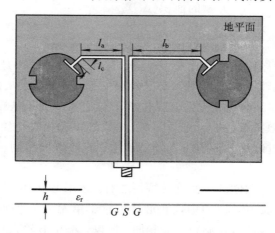

图 5.10-3 采用顺序旋转馈电技术的天线阵几何结构图

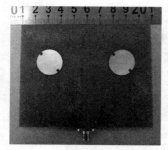

图 5.10-4 圆极化天线阵的
加工实物图

图 5.10-5 改进圆极化天线阵
的加工实物图

5.10.2 结果与讨论

图 5.10-6 给出了两种天线阵反射系数的对比曲线，从图中可以看出，测量曲线与仿真曲线基本上吻合，以测量曲线为标准，传统馈电阵列天线的 -10 dB 反射系数频带从 3.92 GHz 到 4.14 GHz，其相对带宽为 5.4%。而采用顺序旋转馈电阵列天线的 -10 dB 反射系数频带从 3.77 GHz 到 4.18 GHz，其相对带宽为 10.4%。

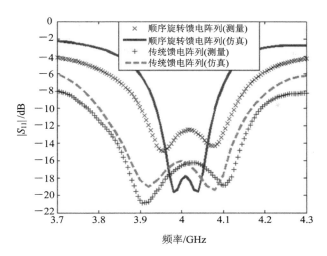

图 5.10 - 6 仿真与测量反射系数的对比曲线

图 5.10 - 7 给出了两种天线阵轴比的对比曲线。从图中可以看出，测量曲线与仿真曲线基本上吻合，传统馈电阵列天线的 -3 dB 轴比带宽从 4.008 GHz 到 4.044 GHz，其相对带宽为 0.9%，而采用顺序旋转馈电阵列天线的 -3 dB 轴比带宽从 3.94 GHz 到 4.08 GHz，其相对带宽为 3.49%。

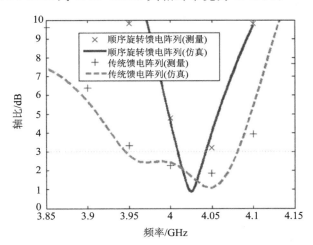

图 5.10 - 7 仿真与测量轴比的对比曲线

图 5.10 - 8 为两种天线在 xz 面上远场辐射方向图。从图中可以看出采用顺序旋转馈电技术的阵列天线的增益相对要小，而且，该阵列天线的副瓣相对偏高。分析产生这种现象的主要原因是，建模过程中主要是分析了天线的轴比

特性，没有考虑阵列单元之间的距离对方向图的影响，单元距离近似为一个空间波长，致使阵列天线的副瓣增大。

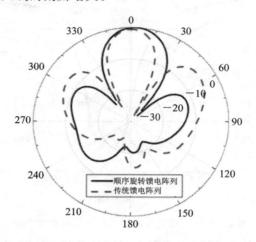

图 5.10 - 8　xz 面两种天线归一化的左旋远场辐射图

接下来，调节阵列天线单元之间的距离，取 $l_a = 10$ mm，那么单元之间的距离近似为 50 mm，相当于 $0.67\lambda_0$，图 5.10 - 9 和图 5.10 - 10 分别给出了修改后天线的轴比曲线与远场辐射图，其中，轴比曲线变化不大，而远场方向图得到了明显的改善，副瓣电平小于－10 dB，前后比小于－20 dB。

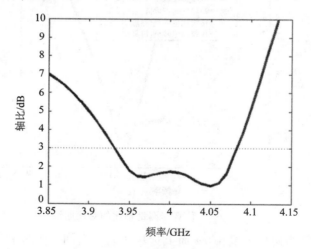

图 5.10 - 9　修改后天线的轴比曲线

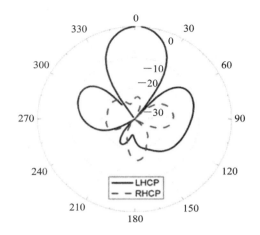

图 5.10 - 10　xy 面修改后天线归一化的远场辐射图

5.11　本章小结

本章主要对共面波导的圆极化天线阵进行了研究，首先，在分析圆极化天线原理和特性参数的基础上，阐述了实现天线圆极化的基本方法，在现有文献的基础上，论述了一种新型的缝隙天线，分析了天线结构参数对工作频率的影响，完成了对所设计天线的加工和测试；接着，论述了可以改善极化特性的顺序旋转馈电技术，推导并证明了该技术可以明显地展宽天线的轴比带宽；最后，采用顺序旋转馈电技术改进了 I. Jen Chen 提出的阵列天线。

第 6 章 PBG 结构在共面波导中的应用

6.1 引 言

在共面波导结构蓬勃发展的同时，各种基于共面波导的变形结构也被陆续提出，背面金属支撑共面波导结构(CB－CPW)就是其中之一。然而，背面金属支撑共面波导存在平行板模式，严重地限制了它在微波领域的运用。这里在对背面金属支撑共面波导传输特性分析的基础上，研究了平行板模式的产生机理，并介绍了一些可以有效抑制平行板模式的方法；接着，把光子晶体技术引入到 CB－CPW 结构中，运用光子晶体的带阻特性来抑制平行板模式；最后，在对 F.R Yang 给出的非泄漏共面波导结构研究的基础上，提出了一种新型的结构，即背面光子晶体支撑的共面波导结构 PB－CPW，并给出了其应用的三个实例，证明了该结构不仅具有 CPW 良好的传输特性，而且具有 CB－CPW 易散热和高机械强度的优点。

6.2 背面金属支撑共面波导结构

6.2.1 CB－CPW 传输线

1969 年 C.P.Wen 提出的共面波导传输线为微波电路中有源器件的安装提供了极大的方便。然而，随着对电子产品实时性的要求的提高，电子产品迅速向高速化与高性能化的方向发展，高速化电子的元器件必然会给电路板带来大量的热能，这些热能一方面引起了电路传输能量的损失，另一方面也大大降低了电子元器件的寿命，电路板的散热因此成为研究的一个主要内容。在介质板平面电路中，采用较薄的介质板可以减小电路的热电阻，达到有效地抑制热量的产生。另外，对于共面波导的平面电路，可以在介质板的另一面连接一个金属层，采用金属来加速电路散热，因此，1982 年 Shih 和 Itoh 博士提出了在介质基片背后增加金属接地板支撑(称为 CB－CPW)的方法，它不但提高了电路的功率容量，而且增加了电路的机械强度，其横截面结构图如图 6.2－1 所示。该结构的优点是，电路与周围环境相隔离，改善了散热特性，增加了电路的机械强度，易于与其他电路相集成。

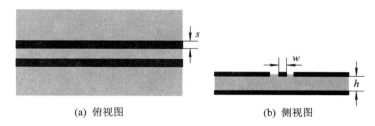

(a) 俯视图　　　　　　　　(b) 侧视图

图 6.2 - 1　背面金属支撑的共面波导结构图

CB - CPW 传输线结构主要应用于以下两个领域：

（1）基于 CB - CPW 传输线结构的诸多优点，把此种传输线作为一种新型的平面传输线结构进行研究，设计由背面金属支撑共面波导传输线构成的微波天线与微波电路；

（2）在小型化的毫米波电路与器件中，把传统共面波导电路连接到金属基座或是放入金属屏蔽盒中是有现实意义的，连接在金属基座上可以有助于电路的有效散热，而加上金属屏蔽盒，不仅可以有效的散热，而且也可以防止外界复杂电磁环境的干扰，如图 6.2 - 2 所示。在共面波导电路的外面加金属屏蔽盒或连接金属基座，此时共面波导组成的微波电路会由于金属盒的存在，而转变成背面金属支撑共面波导的微波电路，另外，金属盒底板的作用不可忽略，可以运用背面金属支撑的共面波导理论来进行分析与设计。

金属屏蔽盒

图 6.2 - 2　加金属屏蔽盒的共面波导横截面

CB - CPW 的缺点是通常会激起大量不需要的模式。在大规模集成电路中，这些不需要的模式会引起许多问题，如：因为谐振特性引起的反射导致了放大器的不稳定，出现了增益的不连续性。

6.2.2　CB - CPW 的传输特性

如图 6.2 - 1 所示，对于 CB - CPW 结构，当介质板厚度 h 较小时，也就是同时使用薄的介质板与敷金属层来散热时，它不仅会激励起共面波导模式，而且会引起表面波模式、平行板模式和微带线模式。只有当 s/h 和 w/h 均远小于

1时，这种结构才可以忽略其他模式对共面波导主模式的影响。然而，对于实际应用的电路，由于散热与小型化的要求，很多电路不能忽略这些模式的影响。

下面对 CB-CPW 结构的传输特性进行分析。

首先对无限宽的 CB-CPW 结构进行分析。对于 CB-CPW 中平行板模式的产生可以由图 6.2-3 来说明。在无限大的平行板金属之间可以传播如图 6.2-3(a)所示的 TEM 波，电磁波呈同心圆一样向外传播，电场垂直于两个平行金属板，磁场呈图中所示的一圈一圈的分布，其中可以传播电磁波的截止频率为 0 Hz。正如图 6.2-3(a)所示，在背面金属支撑共面波导结构中，两端地平面与背面金属层同样构成平行金属板结构，它们之间必然可以传播如图 6.2-3(a)所示的 TEM 波；在图 6.2-3(b)中，假设 A、B、C 三点从中心信号线上耦合能量，进一步作为次级激励源，在两端平行金属板之间可以产生 TEM 波，根据波的叠加原理，由于 A、B、C 三点的相位依次落后，最后产生的平行板模式对外呈现的传播方向与共面波导的传播方向有一定的夹角 α，其大小可以根据相扫天线原理推导[135]：

$$\frac{d \times \cos \alpha}{\lambda_{\text{tem}}} \times 2\pi = \Phi_{\text{BC}} \tag{6.2.1}$$

其中 Φ_{BC} 表示图中 B 点和 C 点之间的相位差，d 表示 B 点和 C 点之间的距离，λ_{tem} 表示金属平行板中 TEM 波的波长。通过公式(6.2.1)则可以求出夹角 α。

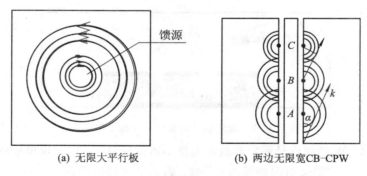

(a) 无限大平行板　　　　　(b) 两边无限宽CB-CPW

图 6.2-3　介质板中磁场分布图

所谓的平行板模式实际上可以看做诸多从缝隙耦合的 TEM 波在平行金属板之间互相叠加的结果，所以平行板模式从 0 Hz 开始便可以存在。

以上分析的 CB-CPW 结构是两端地平面为无限宽。但是，实际的电路不可能是无限大，所以接下来分析更具实际意义的有限尺寸 CB-CPW 结构的传输特性。

图 6.2-4 所示为有限宽的背面金属支撑共面波导的顶视图，其中 w_g 和 l_g 分别表示共面波导两端地平面的宽与长。根据腔模理论，可以作如下分析：两端的地平面与背面地平面看做两个贴片谐振腔，谐振腔的四周是理想的磁壁。在整个结构中，中间的信号线经过两边 $l_g \times s$ 的缝隙耦合电磁能量提供给两个谐振腔。

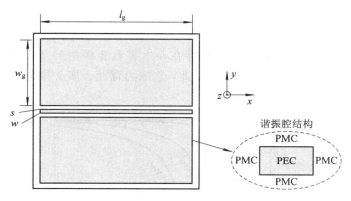

图 6.2-4　有限宽 CB-CPW 的顶视图

根据图 6.2-4 所示的谐振腔结构，上下两层为 $l_g \times w_g$ 理想电壁，四周为高 h 的理想磁壁，由于 h 相对于 l_g、w_g 都小的多，因此可以忽略 h 的影响，于是谐振腔的谐振频率公式如下[136][137]

$$f_{mn} = \frac{c}{2\sqrt{\varepsilon_r}} \left[\left(\frac{m}{w_g} \right)^2 + \left(\frac{n}{l_g} \right)^2 \right]^{0.5} \tag{6.2.2}$$

其中，c 表示光速，ε_r 为两金属层之间介质板的相对介电常数，m 和 n 为谐振模式的因子（取整数）。

在式(6.2.2)中，没有考虑介质层的厚度，边缘的绕射电磁场也被忽略，因此可以用来作近似预测。平行金属层之间的电场取 z 方向，如 E_z。电场在 x 方向和 y 方向分别呈余弦分布，m 表示金属层之间在 y 方向上的半个驻波分布的个数，n 表示金属层之间在 x 方向上的半个驻波分布的个数。

当金属支撑共面波导的工作频率与两个谐振腔的谐振频率不相等时，平行板模式从中间信号线耦合的能量较少；但是，当两个频率相一致时，平行板模式从中间信号线耦合的能量较多，对共面波导模式有较大的影响。当谐振频率 f_{mn} 工作时，传输的能量主要体现在三个方面：

（1）平行板模式的耦合引起阻抗急剧的减小，导致输入端反射系数的增加；

（2）由于谐振腔的四周为空气，必然会通过边缘绕射而引起辐射损耗；

（3）一部分能量传输给负载。

为了验证上述经过分析得到的结论，从两个方面来予以证明：一方面通过引用相关的文献；另一方面通过软件仿真来模拟 CB-CPW 特性。

Majid Riaziat 教授曾于 1990 年在《Propagation Modes and Dispersion Characteristics of Coplanar Waveguides》一文中分析了 CB-CPW 的工作模式[138]。图 6.2-5 说明了两面金属化介质板之间可以存在 TEM 模（文中也称做平行板模式）和大量的 TE/TM 高次模，与单面金属化的介质板相比，两面金属化介质板与它显著的区别就是存在一个零截止频率的 TEM 模式。TEM 模式的相速度小于共面波导模式，因此，它成为背面金属支撑共面波导能量损失的主要源头。

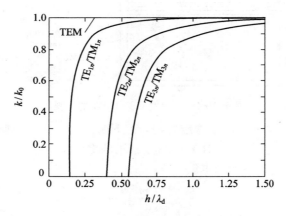

图 6.2-5　两面金属化介质板中的模式

高次模式是 TE_{1n} 模和 TM_{1n} 模。当满足 $h = 0.125\lambda_d$ 时，它们将会与共面波导模式达到同步。因此，准则 $h < 0.12\lambda_d$ 可以避免高次模在 CB-CPW 中被激励。

图 6.2-5 给出了在 CB-CPW 介质层之间平行板模式的分布情况。通过对图 6.2-5 及图 6.2-6 的分析，均证明了在 CB-CPW 结构中可以存在 0 Hz 截止频率的电磁波，但是，图 6.2-6 所示的平行板模式分布太简单，不能准确地反映其传输特性。

Majid Riaziat 教授的研究结果与这里的分析结果具有一致性，进一步说明了这种分析方法的正确性，该分析过程能更合理地给出 TEM 波在 CB-CPW 的分布情况，并给出了平行板模式的传播方向与共面波导传输方向存在一定夹角 α 的计算公式（6.2.1）。文献[139]根据平行板模式与共面波导模式的相速度不相等，也证明了两种模式在传输方向上存在一定的角度，然而，相速度的推导过程比较复杂，不容易理解。

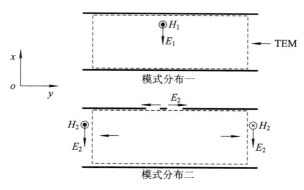

图 6.2-6　CB-CPW 中平行板模式的分布情况

　　总而言之，在 CB-CPW 结构中，由于存在上、下两层金属，横电磁波将会在其之间产生。而且，平行板波导与同轴电缆一样，也会激起横电波与横磁波等高次模。虽然，这些高次模可以通过减小两个金属层之间的距离来达到抑制的效果，但是，两个金属层之间的横电磁波会一直存在，并会严重地降低电路的工作效率。

　　以 FR-4 介质板为例，采用电磁仿真软件 HFSS 对背面金属支撑共面波导的传输特性进行计算。FR-4 介电常数为 4.4，厚度为 1.6 mm，$w_g = 13.6$ mm，$l_g = 42$ mm。

　　把 l_g 和 w_g 代入公式(6.2.2)可以求出对应的谐振频率：$f_{01} = 1.7$ GHz，$f_{02} = 3.4$ GHz，$f_{03} = 5.1$ GHz，$f_{10} = 5.3$ GHz，$f_{11} = 5.53$ GHz，$f_{12} = 6.26$ GHz，$f_{13} = 7.33$ GHz，$f_{14} = 8.6$ GHz。

　　根据腔模理论，图 6.2-7 给出了在个别谐振频率下平行金属板之间的电场分布图，其中图(a)给出了 CB-CPW 传输线工作在 $f_{11} = 5.53$ GHz 时，平行板之间电场强度的理论分布情况。由电磁场的边界条件可知金属板的四个角点处为电场的波腹点，而金属板四个边的中点处为电场的波节点，根据矩形波导中电场的分布特性，可以明显地看出，在横边与纵边上分别呈现一个半驻波分布，即此时取 $m = 1$，$n = 1$。同理，图(b)给出 CB-CPW 传输线工作在 $f_{12} = 6.26$ GHz 时，平行板之间电场强度的理论分布情况。在金属板的四个角点处仍为电场的波腹点，而且，在横边的中点处也出现了电场的波腹点。可以明显地看出，在横边上呈现了两个半驻波分布，而在纵边上呈现了一个半驻波分布，即此时取 $m = 1$，$n = 2$。

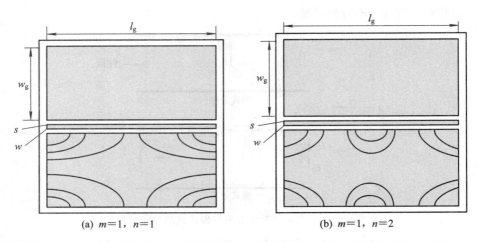

$$(a)\ m=1,\ n=1 \qquad\qquad (b)\ m=1,\ n=2$$

图 6.2 - 7　个别谐振频率下，平行金属板之间的电场分布图

　　根据上面 CB - CPW 传输线的几何尺寸，在 HFSS 软件中建立仿真模型如图 6.2 - 8 所示。计算两个端口的 S 参数，来验证两端平行金属板之间的谐振特性。

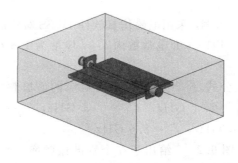

图 6.2 - 8　CB - CPW 传输线的 HFSS 仿真模型

　　图 6.2 - 9 所示为 HFSS 对金属支撑共面波导的仿真结果，从 $|S_{21}|$ 曲线可以看出在两边金属层发生谐振的频率点上，其传输特性发生恶化，而且随着频率的增加，传输系数变的更差。分析其主要原因是：在传输系数恶化的频率点上，两边的平行金属层达到了谐振。比较仿真结果与理论计算结果，在谐振频率点上存在着一定的误差，这主要是理论计算过程中没有考虑到 SMA 头的短路作用和边缘绕射场的作用。图 6.2 - 10 给出在个别谐振点上，HFSS 仿真计算的介质板中的电场分布图，该图与理论分析的谐振模式存在误差，主要原因是由 SMA 连接头的短路作用造成的。原本在平行金属板中接近端口处出现电场的波腹点，却由于 SMA 头的短路作用而被强制成了电场的波节点，因此单

纯地使用四周开路的金属谐振腔分析谐振频率是不完全合理的，但可以用来定性地分析 CB - CPW 的传输特性，以及作为改良其传输特性的理论依据。

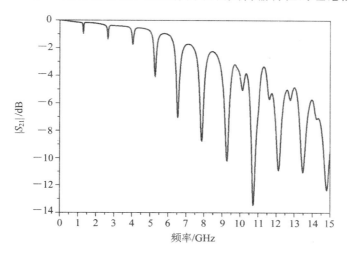

图 6.2 - 9　HFSS 对金属支撑共面波导的仿真结果

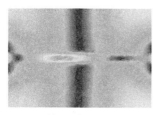 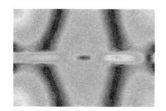 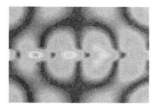

(a) $m=0$，$n=1$　　　　　　(b) $m=0$，$n=2$　　　　　　(c) $m=1$，$n=3$

图 6.2 - 10　HFSS 仿真计算的介质板中电场分布图

6.2.3　CB - CPW 特性阻抗分析

由上面的分析可知，CB - CPW 结构会存在共面波导模式、微带线模式与平行板模式。根据传输线理论，传输线上行波电压与电流之比定义为传输线的特性阻抗，用 Z_0 表示，其一般表达式为

$$Z_0 = \sqrt{\frac{L}{C}} \tag{6.2.3}$$

其中，L 表示传输线的分布电感，C 表示传输线的分布电容。

图 6.2 - 11 给出了 CPW 结构的等效电路图。其中 L_{CPW}、C_{CPW} 分别表示中心导带与两边地平面之间的分布电感与分布电容。

图 6.2 - 12 给出了 CB - CPW 结构的等效电路图。其中 L_{CPW}、C_{CPW} 分别表示相同几何尺寸 CPW 传输线的等效分布电感与等效分布电容；L_{ms}、C_{ms} 分别表示相同几何尺寸微带线的等效分布电感与等效分布电容；而平行板模式的影响则通过变压器的耦合来等效。

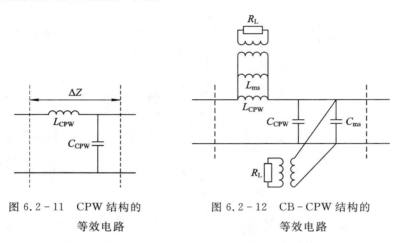

图 6.2 - 11　CPW 结构的
等效电路

图 6.2 - 12　CB - CPW 结构的
等效电路

通过以上等效电路的分析方法，可以得出以下结论：

(1) 具有相同几何尺寸的 CB - CPW 传输线和 CPW 传输线，两者的特性阻抗不一样。

(2) 工作状态良好的 CPW 电路，如果放入图 6.2 - 2 所示的金属屏蔽盒时，其工作状态会变的恶化，甚至引起不稳定。

(3) 求取 CB - CPW 传输线的特性阻抗时，应该使用相应的公式。例如：介质板采用 FR - 4，其介电常数为 4.4，厚度为 1.6 mm，为了实现 50 Ω 的特性阻抗，对于 CPW 传输线，中心导线宽度为 3 mm，两端缝隙的宽度为 0.3 mm；对于 CB - CPW 传输线，中心导线宽度为 2 mm，两端缝隙的宽度为 0.4 mm。

6.2.4　抑制平行板模式的方法

在 CB - CPW 结构中，平行板模式属于有害的模式[140][141]，可以引起电路间的串扰量的增加[142]，破坏电路的稳定性，特别是对于由其构成的有源放大电路，其影响更甚。同时，它也可以引起漏波损耗，降低天线的工作效率，恶化天线的方向性。因此，抑制平行板模式显得尤为重要，M. A. Magerko[143]、Y. Liu[144] 以及 N. K. Das[145] 教授曾经报道采用低介电常数的材料来抑制平行板模式；A. Tessmamn 教授[146] 曾经提出使用吸波材料来减小由平行板模式反射引起的金属支撑共面波导输入特性的恶化；T. Krems[147] 以及 G. A. Lee 教授[148] 曾经运用 filp-chip 制作技术来避免不需要的工作模式；N. K. Das 等人把金属化过孔引入到背面金属支撑共面波导结构，来实现在需要的频段内抑制平行板模式。以下对金属化过孔的应用进行详细的研究。

图 6.2-13 为采用金属化过孔的背面金属支撑共面波导结构。根据上一节对 CB-CPW 传输特性的分析，针对固定尺寸的共面波导形式，某一工作频率通常会引起在上层金属地平面与背面金属层之间的电磁谐振，应根据工作频段，估算在此频段上存在的谐振模式，而把金属化过孔布置在电场的波腹点处，来达到抑制相应的谐振模式。

图 6.2-13(a)所示的金属化过孔的任意分布可以抑制多个谐振模式。而对于图(b)所示的金属化过孔的分布，它对上文中 $m=$ 奇数，$n=$ 任意整数的场模式没有抑制作用，仅对 $m=$ 偶数，$n=$ 任意整数的场模式具有一定的抑制作用。图(c)为金属化过孔布置在共面波导两侧缝隙的附近，来实现阻断平行板模式激起的根源。图(d)为在 CB-CPW 的四周用金属围起的结构形式，此种结构可以大大减小电磁波的辐射损耗，但是不能抑制平行板模式引起的谐振特性，仅仅只是实现了谐振频率的搬移。根据电磁场的边界条件，当谐振时，介质板的边界处变为电场的波节点，而缝隙外为电场的波腹点，其谐振模式分别为：$m=1/2$ 的奇数倍，$n=$ 任意整数。

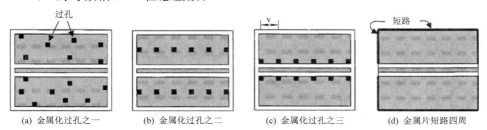

(a) 金属化过孔之一　　(b) 金属化过孔之二　　(c) 金属化过孔之三　　(d) 金属片短路四周

图 6.2-13　为采用金属化过孔的背面金属支撑共面波导结构

文献[149]中主要针对图中所示的多种形式进行了简要的分析，并提出图 6.2-13(b)的过孔形式为抑制平行板模式最有效的方法。然而，对于过孔的位置与几何参数对电路特性影响的研究较少。下面对于采用圆柱形的金属化过孔，主要考察它的低频段的特性。图 6.2-14 给出了电路的基本结构。以金属化过孔的半径(via_r)、金属化过孔与缝隙之间的距离(via_off)和金属化过孔之间的间隔(via_space)作为主要的研究对象。

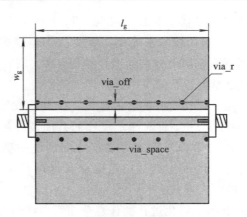

图 6.2 - 14　采用金属化过孔的 CB - CPW 结构

　　图 6.2 - 15 所示为金属化过孔的间距变化时，CB - CPW 传输线的传输系数随参数 via_space 变化的曲线。可以看出，当金属化过孔间距变小时，两端平行板模式耦合获得的能量也相应的减小，良好的传输特性从低频端向高频端逐渐延伸。同时，离散谐振模式也逐渐减小，甚至个别谐振模式由于金属化过孔的存在而得到了抑制。所以，采用小间距的金属化过孔可以有效地抑制平行板模式的激励。

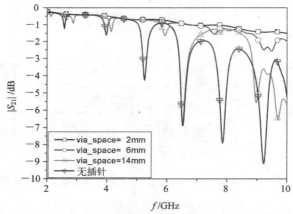

图 6.2 - 15　共面波导的传输特性随参数 via_space 的变化情况
（via_off=1 mm，via_r=0.25 mm）

　　图 6.2 - 16 所示为金属化过孔与共面波导缝隙间距发生变化时，CB - CPW 传输线的传输系数随参数 via_off 变化的曲线。可以看出，随着金属化过孔与共面波导缝隙间距的增大，两端平行板模式的谐振频率点向低频端偏移，而且，从最低谐振频率开始，CB - CPW 传输线的传输特性恶化得比较明显。

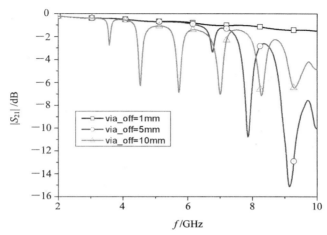

图 6.2 - 16　共面波导的传输特性随着参数 via_off 的变化

情况(via_space＝2 mm, via_r＝0.25 mm)

图 6.2 - 17 所示为金属化过孔的半径发生变化时，CB - CPW 传输线的传输系数随参数 via_r 变化的曲线。可以看出，随着金属化过孔的半径增大，整个谐振频率向高端偏移，但是改善的程度比较有限。同时，金属化过孔半径的变化也受到加工工艺与过孔间距的限制。

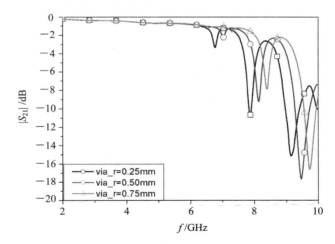

图 6.2 - 17　共面波导的传输特性随着参数 via_r 的变化

情况(via_space＝2 mm, via_off＝5 mm)

6.3　共面形光子晶体结构的特性研究

6.3.1　共面紧凑型光子晶体

在提出光子晶体概念的几十年后，光子晶体已经引起了世界各国研究机构的关注，相关的理论研究及应用探索成为世界各国科研工作者的研究热点[150][151]。多种形式的光子晶体结构也陆续被提出，其中，美国加利福尼亚大学的 T. Itoh 提出了一种谐振型微波光子晶体——共面紧凑型光子晶体结构（UC-PBG)[152][153]，如图 6.3-1 所示。这种结构的特点在于它不存在导电过孔，但其印制的金属贴片形状相对复杂的多。它正是利用金属贴片结构上的复杂性提供了电感和电容，进而构成并联的 LC 谐振电路。这种结构不必打孔，所以加工工艺更为简单，但是其设计要复杂一些。

如图 6.3-1 所示，UC-PBG 结构的带隙特性主要由以下五个参数来决定。其中：h 为介质厚度，L 为通道长度，W 为通道宽度，G_1 表示基本单元间的间隙宽，G_2 表示通道与中央本体的间隙宽。

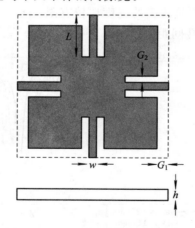

图 6.3-1　UC-PBG 的几何结构图

UC-PBG 结构作为光子晶体的一种平面形式，不仅具有低剖面与易加工的优点，而且兼有光子晶体的高阻抗、抑制表面波、0 反射相位等特性。但是，对于 UC-PBG 带隙范围的确定比较复杂，目前，人们已经发展了很多计算电磁带隙的方法，包括平面波方法、转移矩阵方法、时域有限差分法等。

这里就 UC-PBG 带隙的确定从两个大方面来分析：一是从微波等效电路模式出发，构造 UC-PBG 的电路模型。二是从数值计算方法出发，对色散图、反射相位及直接传输法进行计算。

选取介质板为 FR-4，其介电常数为 4.4，厚度为 $h=1.6$ mm；UC-PBG 单元的周期为 6 mm，对应图 6.3-1 所示，$L=1.7$ mm，$G_1=0.2$ mm，$G_2=0.3$ mm，$w=0.3$ mm。

6.3.2 确定 UC-PBG 带隙的等效电路模型

图 6.3-2 所示为两个相邻 UC-PBG 单元之间的等效电路，其中 UC-PBG 单元中央金属区域之间的缝隙可以等效为电容元件，而连接中央金属区域的窄金属条可以等效为电感元件，为了增大电感值，在中央金属区域增加了凹槽来实现窄金属条长度的增加。因此，两个单元之间的缝隙可以等效为一个 LC 并联谐振电路。UC-PBG 的带隙特性可以由并联 LC 电路的特性来解释。

推导出中心频率、频宽与电感、电容的关系归纳如下[154]：

$$f_0 \propto \frac{1}{2\pi\sqrt{LC}} \tag{6.3.1}$$

$$BW \propto \sqrt{\frac{L}{C}} \tag{6.3.2}$$

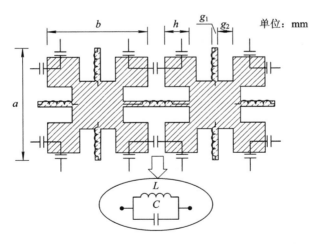

图 6.3-2 两个相邻 UC-PBG 单元之间的等效电路

然而，对于 UC-PBG 结构，简单地采用并联 LC 电路来分析并不能准确地描述其带隙特性，并联 LC 电路仅仅考虑了 UC-PBG 栅栏之间的特性，而忽略了栅栏与下层金属地板之间的相互作用。为了更加准确地描述此种 UC-PBG 结构对电磁波的抑制作用，一种改进的等效电路模型被提出，图 6.3-3 所示的就是 UC-PBG 单元改进的一维集总元件模型。

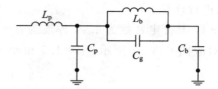

图 6.3-3 UC-PBG 单元改进的一维集总元件模型

该模型包含两部分，一部分描述的是单元 UC-PBG 栅栏层的本身特性，其中 L_p 表示单元 UC-PBG 栅栏层的等效电感，C_p 表示单元 UC-PBG 栅栏平面与介质板另一侧金属平面之间的等效电容；另一部分描述的是两个相邻单元间的电路特性，其中 L_b 表示通道的等效电感，C_b 表示通道与接地面之间的等效电容，C_g 表示单元间缝隙的等效电容。

C_p 可由平行板电容公式 $C_p = \varepsilon_0 \varepsilon_r A/h$ 推出，A 表示单元 UC-PBG 的面积。

单元间互容 C_g 可表示为

$$C_g = \frac{b \varepsilon_0 (1 + \varepsilon_r)}{\pi} \cosh^{-1} \left(\frac{a}{p} \right) \tag{6.3.3}$$

其中 b 表示基本单元的宽度，a 表示两个相邻单元的间距，p 表示两个相邻单元间缝隙的宽度。反三角双曲线余弦函数 $\cosh^{-1}(x) = \ln(x + \sqrt{x^2 - 1})$，$(x \geqslant 1)$ 为严格递增函数。

通道的等效电容 C_b 与等效电感 L_b 可由传输线方程求得

$$Z_0 = \sqrt{\frac{L_0}{C_0}} \tag{6.3.4}$$

$$v_p = \frac{1}{\sqrt{L_0 C_0}} = \frac{c}{\sqrt{\varepsilon_{eff}}} \tag{6.3.5}$$

$$C_0 = \frac{1}{v_p Z_0} = \frac{\sqrt{\varepsilon_{eff}}}{c Z_0} \left(\frac{F}{m} \right) \tag{6.3.6}$$

$$L_0 = \frac{Z_0}{v_p} = \frac{Z_0 \sqrt{\varepsilon_{eff}}}{c} \left(\frac{H}{m} \right) \tag{6.3.7}$$

$$C_b = C_0 \times l \tag{6.3.8}$$

$$L_b = L_0 \times l \tag{6.3.9}$$

其中 c 为光速，l 为通道长度。

由于所研究的 UC-PBG 栅栏平面为二维结构，而一维集总元件模型不能准确地描述它的电路特性，因此采用一种 UC-PBG 单元的二维集总元件模型，如图 6.3-4 所示。

对于整个 UC-PBG 结构的集总元件模型，可以通过同时在两个方向上周期性地连接基本单元的等效电路模型获得，这样该模型就可以更加准确地描述 UC‑PBG 之间电磁波的传输特性。

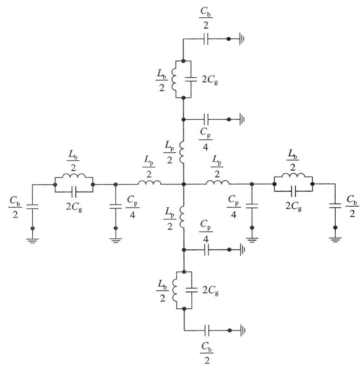

图 6.3‑4　UC‑PBG 单元的二维集总元件模型

当 UC‑PBG 以 0 反射相位特性使用时，其等效电路可以进一步改进，如下所叙。

如图 6.3‑5 所示，当一均匀平面波照射到 UC‑PBG 结构时，其电路可以表示为等效于介质上层的 UC‑PBG 栅栏的并联 LC 电路与一段长为 h 的终端的传输线的连接。其中，L 为 UC‑PBG 单元之间的通道电感值，而 C 为 UC‑PBG 单元之间缝隙的等效电容值，h 为 UC‑PBG 所在介质板的厚度。

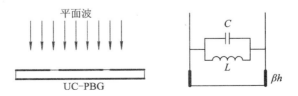

图 6.3‑5　UC‑PBG 用于 0 反射相位特性的等效电路

综上所述，在对 UC - PBG 研究时，仅仅采用简单的集总电感与集总电容的并联来分析其带隙特性，并不能准确地分析 UC - PBG 的特性；而应该针对其不同的用途来构造不同的等效电路模型，以达到更加准确地分析与设计 UC - PBG结构。

6.3.3 确定 UC - PBG 带隙的数值计算方法

对于光子晶体带隙的计算方法，集总元件等效电路的方法虽然方便，但是对于集总元件值的提取也比较复杂，因此，该方法通常用来定性地分析光子晶体的传输特性，并可以大致预测其带隙范围，然而，如果要得到更加精确的带隙范围，可以通过分析光子晶体的能带图、反射相位图和传输特性图再来确定光子晶体的带隙特性。

下面介绍如何确定 UC - PBG 带隙的数值计算方法。

1. UC - PBG 的色散图法

这里采用电磁仿真软件 HFSS 来计算 UC - PBG 的能带图。HFSS 作为一款商业仿真软件，其核心是基于有限元方法，伴随着微波领域的发展，该软件也逐渐得到了完善，引入了许多新的功能。

针对光子晶体能带图的计算，HFSS 软件的完善过程如表 6.3.1 所示。

表 6.3.1　各版本 HFSS 的一些新功能

HFSS 版本号	针对光子晶体新增功能
HFSS 6.0	引入了连接边界条件(方便周期结构建模)
HFSS 7.0	引入了新的本振模解算器(方便计算周期单元的谐振频率)
HFSS 9.0	软件界面人性化，优化设置更加简单
HFSS 11.0	引入了 Floquet 边界条件(方便平面波照射的反射相位计算)

图 6.3 - 6 所示为软件 HFSS 计算 UC - PBG 结构色散图的原理图，其计算步骤如下：

(1)选取本振模解算器，计算模型中可以存在的谐振模式。

(2)模型上方边界采用完全匹配层(PML)。

(3)由于 UC - PBG 结构属于二维的周期结构，为了计算的方便，引入连接边界条件，可以通过分析一个单元的特性而模拟无限周期单元的特性。如图 6.3 - 6 所示，在 UC - PBG 单元的四周设置了两对连接边界条件，一对是 Master1 和 Slave1，另一对是 Master2 和 Slave2，其中，在软件 HFSS 中可以修改 Master(主)和 Slave(副)边界之间的相位关系。正如图 6.3 - 6 所示，通过改变两对连接边界之间的相位关系，来计算模型的本振频率，进而可以求得沿

UC - PBG 的不可约分的布里渊区三个边的色散图。其中对应关系为：为了求取 Γ 到 X 方向的可能存在的频率点，第一对连接边界条件的相位差需要保持常数 $0°$，而第二对连接边界条件的相位差从 $0°$ 到 $180°$ 变化；为了求取 X 到 M 方向的可能存在的频率点，第二对连接边界条件的相位差需要保持常数 $180°$，而第一对连接边界条件的相位差从 $0°$ 到 $180°$ 变化；最后，为了求取 M 到 Γ 方向的可以存在的频率点，两对连接边界条件需要同步改变，相位差从 $180°$ 返回到 $0°$。

（4）对于 Γ—X—M 整个布里渊区的计算，总共需要 $540°$ 的相位差变化，为了求取方便，通常选取以 $10°$ 单位进行递进，最后共需要 54 步的计算。采用 HFSS 的优化软件包，可以大大简化计算的过程。

（5）"光线"区域的确定。"光线"代表了电磁波沿着 UC - PBG 单元在自由空间的传输。

对于 ΓX 段，"光线"频率随着相位差 phase2 的变化规律为

$$\text{phase2} \times \frac{c}{\tau \times 360°} \qquad (6.3.10)$$

其中 c 代表自由空间的光速，τ 代表 UC - PBG 单元的周期长度，即取参数 $a = 6$ mm。

对于 $M\Gamma$ 段，"光线"频率随着相位差 phase2 的变化规律为

$$\text{phase2} \times \frac{c}{d \times 360°} \qquad (6.3.11)$$

其中 c 代表自由空间的光速，d 代表 UC - PBG 单元对角线长度的一半，即取参数 $a/\sqrt{2} = 4.24$ mm。

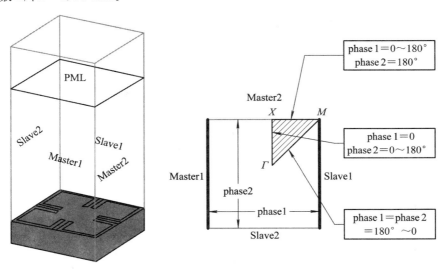

图 6.3 - 6　HFSS 计算 UC - PBG 色散图的原理图

图 6.3 - 7 给出了采用 HFSS 计算的色散图。每个图中的横坐标对应布里渊三角区的各个边，类似于实际色散图的波矢量。观察图中由光线构成的两直线包围的区域，7.7 GHz 到 10 GHz 的带隙可以明显地找到，如图中灰色区域。

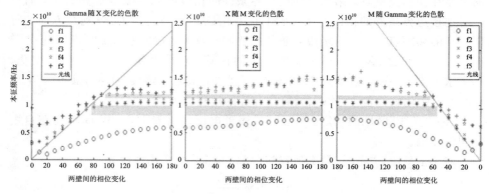

图 6.3 - 7　UC - PBG 单元计算的色散图

2. 反射相位法

图 6.3 - 8 所示为软件 HFSS 计算 UC - PBG 0 相位特性的反射相位法的原理图，其计算步骤如下：

（1）选取模式驱动解算器。

（2）模型上方采用吸收边界条件（ABC）。

（3）模型四周设置为两对连接边界条件，并设置主、副连接边界之间的相位差为 0°，实现平面波垂直照射 UC - PBG 的模拟。

（4）设置平面波入射激励，其平面波的 0 相位位于 UC - PBG 上方 d_1 距离处。

（5）在模型中设置估算平面（e_plane）用于提出反射平面波在这个面上相对于 0 相位面的延迟相位，其计算公式为

$$\Phi = \frac{\displaystyle\int_{\text{e\_plane}} \text{Phase}(E_{\text{scattered}})\,\mathrm{d}s}{\displaystyle\int_{\text{e\_plane}} \hat{s}\,\mathrm{d}s} \tag{6.3.12}$$

对于公式（6.3.12）的计算，可以采用软件 HFSS 中的场计算器来实现。

为了验证上述方法的正确性，首先对图 6.3 - 5 中金属面的反射特性进行研究，根据理论分析，对于金属层的模型，在估算面上的相位值应该为

$$\Phi_{\text{PEC\_e\_plane}} = 180° - \left(\frac{d_1 + d_2}{\lambda} \cdot 360°\right) \tag{6.3.13}$$

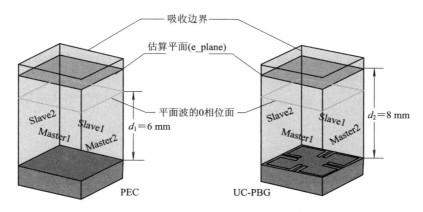

图 6.3 - 8　HFSS 计算 UC - PBG 反射相位法的原理图

图 6.3 - 9 给出了对金属反射面的 HFSS 计算结果与公式计算结果的对比图。可以看出，两者在研究频段内非常的吻合，证明了 HFSS 软件计算的正确性。

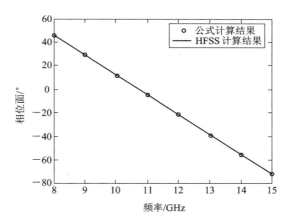

图 6.3 - 9　金属层作为反射面时相对 0 相位面在估算
平面处的延迟相位随频率的变化

接下来，分析 UC - PBG 结构的反射特性，假设 UC - PBG 结构引起反射平面波的相位变化为 Φ_{PBG}，有如下公式

$$\Phi_{PBG\_e\_plane} = \Phi_{PBG} - \left(\frac{d_1 + d_2}{\lambda} \cdot 360° \right) \qquad (6.3.14)$$

对比以上公式，求取 Φ_{PBG} 有以下两种方式：

$$\Phi_{PBG} = \Phi_{PBG\_e\_plane} + \left(\frac{d_1 + d_2}{\lambda} \cdot 360° \right) \qquad (6.3.15)$$

或者是

$$\Phi_{PBG} = \Phi_{PBG\_e\_plane} - \Phi_{PEC\_e\_plane} + 180° \qquad (6.3.16)$$

其中，$\Phi_{PBG\_e\_plane}$ 和 $\Phi_{PEC\_e\_plane}$ 分别表示金属层和 UC-PBG 层作为反射面时，在估算平面（e_plane）处采用公式（6.3.12）求出的相位值。

最后，图 6.3-10 给出了由 HFSS 计算绘制的 UC-PBG 结构对平面波入射的反射相位图。

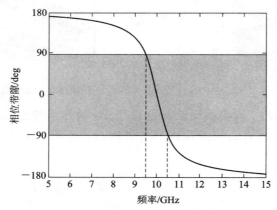

图 6.3-10　UC-PBG 结构对反射波的相位曲线

3. 直接传输法

图 6.3-11 和图 6.3-12 都是采用直接传输法的 HFSS 模型。图 6.3-11 所示的是两层金属平板的实验电路模型，在两层平行金属板之间，同轴馈电很容易激励起平行板模式，该模式会沿着平行金属板传播，并耦合能量传输给另一同轴探头。而图 6.3-12 所示的是蚀刻 UC-PBG 结构的实验电路模型，在两个同轴馈电之间引入了一个 4×7 的 UC-PBG 栅格。通过比较两个模型的 $|S_{21}|$ 参数，可以判断 UC-PBG 对平行板模式抑制的情况。

图 6.3-13 给出了两种模型的仿真结果，图中，当 $|S_{21}|$ 曲线下降到比开始呈现下降趋势的频点 $|S_{21}|$ 值小 20 dB 时的频点（A 点）时，该频点为带隙的低端频点；当 $|S_{21}|$ 经过最低点后上升到此数值时的频点（B 点）时，该频点为带隙的高端频点。从 A 点到 B 点为仿真带隙范围。在带隙的高端部分，UC-PBG 本应该是通带特性，但是从图中可以看出，UC-PBG 结构的传输损耗还远远小于平行金属层结构的传输损耗，主要原因是耦合到 UC-PBG 结构中的 TM 波特别弱。对于 UC-PBG 结构的传输曲线中存在的波动现象，主要是由于在 UC-PBG结构中的各个小单元对电磁波的作用，引起了两个同轴探针之间的多路径效应的干扰造成的。

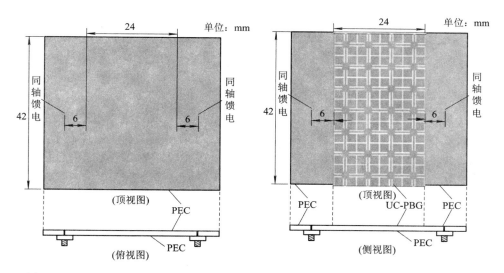

图 6.3 - 11　两层金属平板的实验电路图　　图 6.3 - 12　蚀刻 UC - PBG 结构的实验
电路图

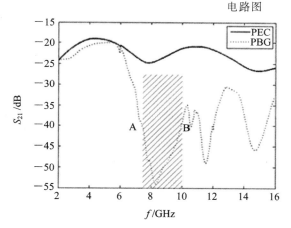

图 6.3 - 13　直接传输法两种模型的仿真结果

　　通过以上对 UC - PBG 结构的分析，采用能带图与直接传输法所得到的带隙范围吻合较好，而采用反射相位法计算的带隙范围相对较小且中心频点相对偏高。对于上述的结果，如果采用普通的等效电路分析，两种情况下的带隙应该是一致的。但是，通过采用改进的等效电路，针对抑制电磁波与 0 反射相位会存在不同的等效电路形式，其带隙也不是单纯地采用并联 LC 电路来求取，所以，对于 UC - PBG 结构，0 反射相位的带隙与抑制电磁波的带隙不一定完全重合，在实际应用中要分开考虑。

6.4 PB-CPW 传输结构在天线中的应用

6.4.1 PB-CPW 结构的提出

F. R. Yang 曾经在文献[152]中提出了如图 6.4-1 所示的共面波导结构，称做无泄漏金属支撑共面波导结构，此种共面波导结构可以有效地抑制平行板模式的激发，进一步减小由其引起的额外辐射，以及与周围电路之间的串扰。

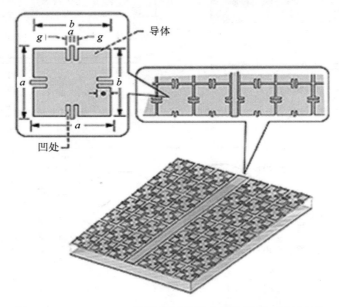

图 6.4-1 F. R. Yang 提出的无泄漏金属支撑共面波导结构

图 6.4-2 所示为文献[152]中的测量曲线，为了进一步证明此种结构可以有效地抑制平行板模式，图中还给出了传统共面波导与 CB-CPW 的传输特性，以达到对比的目的。从图中可以看出，在 9 GHz 到 14 GHz 的频段范围内，F. R. Yang 提出的无泄漏金属支撑共面波导结构的传输特性得到了较大的改善，达到了抑制平行板模式的目的。

虽然 F. R. Yang 提出的无泄漏金属支撑共面波导结构可以有效地改善 CB-CPW 的传输特性，但是也存在以下的不足：

（1）根据前面对 CB-CPW 传输线特性阻抗的分析，由于微带线模式没有得到抑制，那么，其特性阻抗的求取仍然不能采用传统的计算公式，设计将比较复杂。

（2）由无泄漏金属支撑共面波导构成的微波电路，当放入金属屏蔽盒时，由于微带线模式的存在必然会引起电路特性的变化，甚至恶化其电路特性。

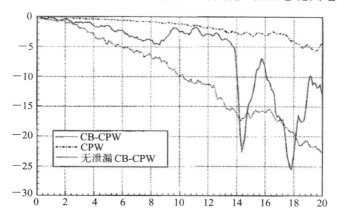

图 6.4 - 2　F.R Yang 无泄漏金属支撑共面波导结构的传输特性

鉴于以上的原因，这里给出了一种新型的结构，即采用 UC - PBG 结构来取代 CB - CPW 结构中的额外地平面，以实现同时抑制平行板模式和微带线模式，根据 CB - CPW 传输结构的特点，称这种新型结构为 PB - CPW 结构，即背面光子晶体支撑的共面波导结构。图 6.4 - 3 所示为 PB - CPW 的结构图。其中 PBG 结构部分仍然采用了 F.R.Yang 所使用的结构。

图 6.4 - 3　PB - CPW 传输线的结构图

根据图 6.2 - 12 所示的等效电路，可以得出：当工作频率在 UC - PBG 的带隙范围时，由于该 PB - CPW 结构可以同时抑制平行板模式与微带线模式，所以，其特性阻抗与传统的 CPW 结构相一致，可以采用 CPW 特性阻抗的计算公式来设计 PB - CPW 传输线。

6.4.2　PB - CPW 的传输特性

这里给出的 PB - CPW 指的是背面光子晶体支撑的共面波导结构。正如前面所分析的，此种 PB - CPW 在 UC - PBG 的带隙内可以充分地抑制平行板模

式与微带线模式，因此，对于该 PB - CPW 传输线的特性阻抗可以按照传统的
CPW 传输线进行计算。

图 6.4 - 4 所示为 PB - CPW 传输线的几何平面图。介质板采用 FR - 4 复
合板，其介电常数为 4.4，厚度 $h=1.6$ mm，FR - 4 介质板的上层构成传统的
共面波导结构，而介质板的下层馈刻成 UC - PBG 结构，其中 UC - PBG 采用
上一节所研究的几何尺寸。为了实现 50 Ω 的特性阻抗，按照传统共面波导的
计算公式，可以得出：共面波导的缝隙宽度 $s=0.3$ mm，中心导带的宽度 $w=$
3 mm。实验电路的大小为 42 mm×30 mm，这样可以容纳整数个 UC - PBG 单
元，即 7×5 个 UC - PBG 单元。

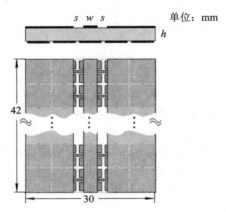

图 6.4 - 4   PB - CPW 的几何平面图

图 6.4 - 5 为三种传输线的传输系数仿真曲线，从图中可以明显地看出，在
频段 A(7.8 GHz～10 GHz)内，即对应 UC - PBG 的第一个带隙，PB - CPW 的
传输特性明显优于 CB - CPW 传输线，但略差于 CPW 传输线，主要原因是由
于 UC - PBG 有效地抑制了平行板模式引起的电磁波泄漏，改善了传输线的传
输特性。然而，在 10.5 GHz 和 13 GHz 处，PB - CPW 的传输特性发生了恶化，
并且与 CB - CPW 的传输系数基本上一样，说明在这两个频点不能有效地抑制
平行板模式，其中，在 10.5 GHz 处，PB - CPW 的传输系数略高于 CB - CPW
的传输系数，说明了该频率处 PB - CPW 对平行板模式有轻微的抑制，但相对
带隙范围内的抑制作用却要微弱得多。在图中频段 B 内，PB - CPW 传输线的
传输特性不仅优于 CB - CPW 传输线，而且还优于 CPW 传输线，分析其主要
原因是，当工作频率升高时，CPW 传输线很容易激励起表面波模式，而引起了
CPW 传输线的传输特性恶化。然而，频段 B 恰好对应 UC - PBG 结构的第二个
带隙，不仅可以抑制平行板模式，而且可以有效地抑制表面波模式，所以，在
频段 B 内，会出现 PB - CPW 传输线的传输特性优于 CPW 传输线。以上的结

论与图 6.3 – 13 得出的 UC – PBG 抑制平行板模式的结果基本上一致。

由于计算机内存容量的限制,在计算 0～6 GHz 的 PB – CPW 传输特性时, HFSS 的收敛标准取的相对较低,PB – CPW 的结果仅可以作为参考。

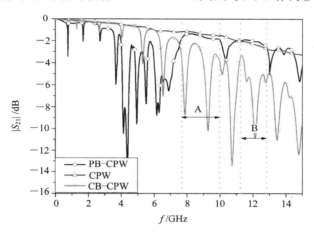

图 6.4 – 5　三种传输线的传输系数仿真曲线

综上所述,如果 PB – CPW 传输线工作于 UC – PBG 结构的第二带隙或者更高带隙时,其传输特性会明显地优于 CPW 传输线,因此该结构将会有更广阔的应用前景。

这里主要集中于研究 PB – CPW 传输线工作于第一带隙的频段,即主要关心其对平行板模式的抑制特性。

为了形象地描述 PB – CPW 可以有效地抑制平行板模式,图 6.4 – 6 和图 6.4 – 7分别给出了两种传输线在 8 GHz 时的电场分布图,为了具有可比性,两图中的色谱取相同范围。从图中可以明显地看出,与 CB – CPW 相比,PB – CPW 传输线的介质板内激起了较少的平行板模式,主要存在的是共面波导主模式。

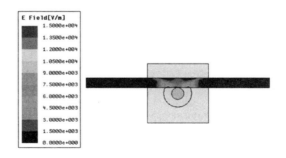

图 6.4 – 6　8 GHz 时的 PB – CPW 共面波导介质内电场分布图

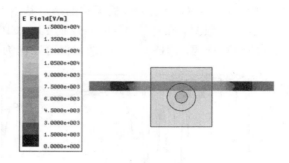

图 6.4 - 7   8 GHz 时的 CB - CPW 共面波导介质内电场分布图

图 6.4 - 8 给出了三种传输线的实物图，图 6.4 - 9 给出了三种传输线的传输系数曲线，与仿真结果及理论分析结果相一致。

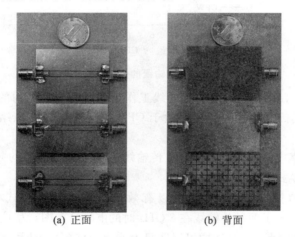

(a) 正面   (b) 背面

图 6.4 - 8   三种传输线 CPW、CB - CPW、PB - CPW 的实物图

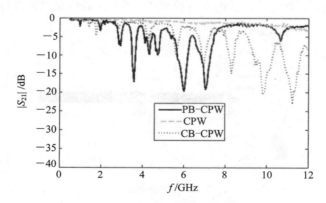

图 6.4 - 9   三种传输线的传输系数测量曲线

6.4.3　PB-CPW 应用实例 1

本实例主要对比分析 CB-CPW 传输线和 PB-CPW 传输线在微波电路中的互耦特性。

图 6.4-10 给出了两个平行放置的 CB-CPW 传输线,其中,CB-CPW 传输线的中心导带宽为 2 mm,两端缝隙宽为 0.4 mm,以实现 50 Ω 的特性阻抗。图 6.4-11 给出了平行放置的 PB-CPW 传输线,其中,PB-CPW 传输线的中心导带宽为 3 mm,两端缝隙宽为 0.3 mm。如图中所示,端口 3 和端口 4 连接匹配负载,对比端口 1 和端口 2 之间的传输特性。为了使共面波导中心与 UC-PBG 栅栏中心重合,变量 space 选取为 8.4 mm。

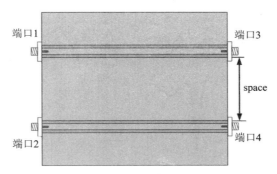

图 6.4-10　平行 CB-CPW 传输线电路

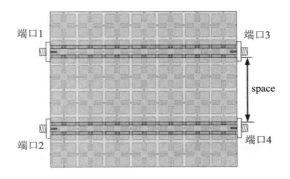

图 6.4-11　平行 PB-CPW 传输线电路

图 6.4-12 中给出了两平行线之间的 S 参数曲线对比图。从图 6.4-12(a) 可以看出,在 7.7 GHz 到 10 GHz 的 UC-PBG 带隙范围内,PB-CPW 构成的平行传输线传输特性要优于 CB-CPW 构成的平行传输线传输特性,而且,输入端口匹配较好;然而,在 7.23 GHz 处,PB-CPW 构成的平行传输线传输特性远差于 CB-CPW 构成的平行传输线传输特性,通过分析介质板中的电场

分布情况(如图 6.4 - 13(c)和图 6.4 - 13(d)所示),得出其产生的主要原因是:UC - PBG 栅栏的大小在 7.23 GHz 时达到了谐振,引起了两线之间较大的耦合,进而恶化了 PB - CPW 传输线的传输特性。从图 6.4 - 12(b)中可以看出,与 CB - CPW 构成的平行线相比,由 PB - CPW 构成的平行线之间具有更好的隔离度。其中,在 9.6 GHz 处,CB - CPW 的 $|S_{41}|$ 参数急剧变小,这主要是由于仿真模型采用了同轴线作为端口,虽然在端口 4 处由于平行板模式引起了最大的耦合,但是由于端口 4 两端地平面上激励的信号相差比较大,所以端口 4 获得的 CPW 模式的能量比较少。从以上分析可以看出,相对于CB - CPW 传输线,这里提出的 PB - CPW 传输线可以有效地抑制平行板模式,进而减小与相邻电路之间的串扰,实现电路的小型化。

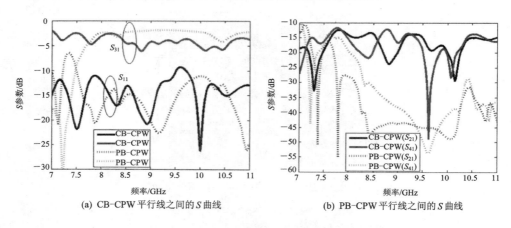

(a) CB-CPW平行线之间的 S 曲线　　　　(b) PB-CPW平行线之间的 S 曲线

图 6.4 - 12　CB - CPW 平行线与 PB - CPW 平行线之间的 S 曲线

　　为了更加形象地说明 PB - CPW 结构对互耦的抑制作用,图 6.4 - 13 给出了两种平行传输线之间的电场分布图。从图中可以看出,相对于平行 CB - CPW传输线,平行 PB - CPW 传输线之间具有较少的耦合能量。

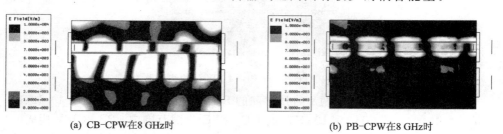

(a) CB-CPW在8 GHz时　　　　　　　(b) PB-CPW在8 GHz时

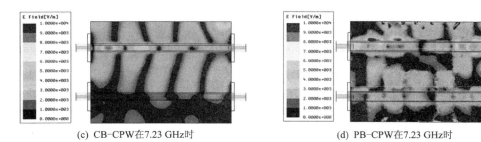

(c) CB-CPW在7.23 GHz时　　　　　(d) PB-CPW在7.23 GHz时

图 6.4-13　平行传输线介质板中电场幅度分布图

图 6.4-14 给出了平行传输线的实物加工图，其测试的隔离系数的曲线如图 6.4-15 所示，从图中可以看出，相对于 CB-CPW 构成的平行传输线，PB-CPW 构成的平行传输线具有更高的隔离度。

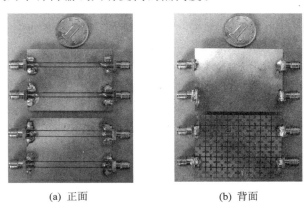

(a) 正面　　　　　　　(b) 背面

图 6.4-14　平行 CB-CPW 和平行 PB-CPW 传输线的实物图

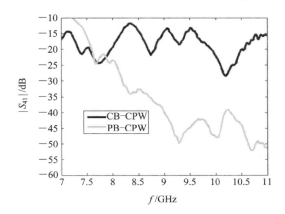

图 6.4-15　平行传输线之间隔离系数的测试曲线

通过以上分析可以得出两个平行放置的 PB‑CPW 传输线之间具有相对较小的互耦的结论。由于 CB‑CPW 传输线容易激励起平行板模式，因此由 CB‑CPW 构成的微波电路之间会引起明显的串扰现象，严重地破坏放大器电路的稳定性和通信电路部分的通话质量，限制了 CB‑CPW 结构在微波电路中的应用。相反，如果采用这里提出的 PB‑CPW 传输线来设计微波电路，由于在 UC‑PBG 的带隙范围内，平行板模式可以得到充分的抑制，那么电路之间的串扰就可以显著的减小。

6.4.4　PB‑CPW 应用实例 2

本实例主要研究 PB‑CPW 在平面天线中的应用。

为了说明该 PB‑CPW 结构的优越性，图 6.4‑16 给出了三种平面贴片天线的结构图，分别是传统共面波导结构、CB‑CPW 结构和 PB‑CPW 结构。如图中所示，贴片天线由单层 FR‑4 介质板实现，贴片天线通过共面波导的电容耦合产生激励并达到谐振，进而向空间辐射能量。

三种天线具有相同的几何结构，具体的尺寸如表 6.4.1 所示。为了实现完整的 UC‑PBG 单元结构以及天线远场辐射方向图中良好的方向性，贴片天线的地平面通常会选取比较大的尺寸。该天线选取介质板的尺寸为 78 mm × 54 mm，即包括 13×9 个 UC‑PBG 栅栏单元。图 6.4‑16(b) 给出了 CB‑CPW 结构的贴片天线，通过在额外金属地平面上开较大的窗口来实现贴片天线的辐射。如图 6.4‑16(c) 所示，同样的天线也采用 PB‑CPW 结构来实现，其窗口的大小恰好为 3×3 个 UC‑PBG 栅栏单元。

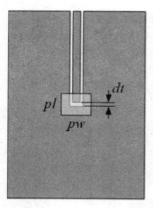 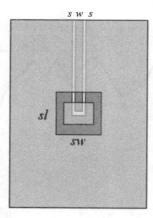 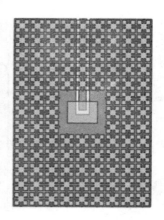

■ 下层金属　　□ 上层金属

(a) 基于 CPW 的结构　　(b) 基于 CB‑CPW 的结构　　(c) 基于 PB‑CPW 的结构

图 6.4‑16　三种贴片天线的平面图

表 6.4.1　三种贴片天线的几何尺寸

几何参量	s	w	dt	pl	pw	sl	sw
数值/mm	0.3	3	0.8	7.4	9	18	18

采用 HFSS 仿真软件设计优化共面波导馈电的贴片天线，然后，针对同样的结构分别仿真计算 CB - CPW 馈电的贴片天线和 PB - CPW 馈电的贴片天线。图 6.4 - 17 给出了三种贴片天线反射系数仿真曲线。从图中可以看出，在 7 GHz 至 10 GHz 的频率范围内，以反射系数小于 -10 dB 作为谐振标准，共面波导馈电的贴片天线工作在 8.14 GHz，即为贴片的谐振频率。CB - CPW 馈电的贴片天线工作在 7.18 GHz、7.88 GHz 和 9.24 GHz；PB - CPW 贴片天线工作在 7.26G Hz 和 8.20 GHz。

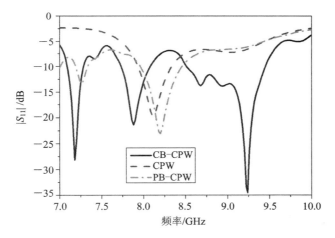

图 6.4 - 17　三种贴片天线的反射系数仿真曲线

图 6.4 - 18 给出了三种贴片天线在各自工作频率处的仿真远场辐射方向图。从图中可以看出，共面波导馈电的贴片天线的远场辐射方向图符合贴片天线的辐射特性，其最大辐射方向在贴片的法线方向，在法线方向的增益为 4.3 dB。CB - CPW 馈电的贴片天线的增益比较低，主要是由于 CB - CPW 结构固有的平行板模型，部分能量被限制在上、下金属板形成的平行板之间，因此增益相对变小，在三个谐振频率处，其法线方向的增益分别为 -0.86 dB、3.29 dB 和 -2.802 dB。7.18 GHz 和 9.24 GHz 的反射系数小于 -10 dB 的原因主要是由平行板模式引起的，故法向辐射增益明显变小，且方向性也不明显；而对于 7.88 GHz 的谐振特性是由贴片天线引起的，故远场辐射的方向性比较明显，只是由平行板模式引起了增益的相对变小。PB - CPW 馈电的贴片天

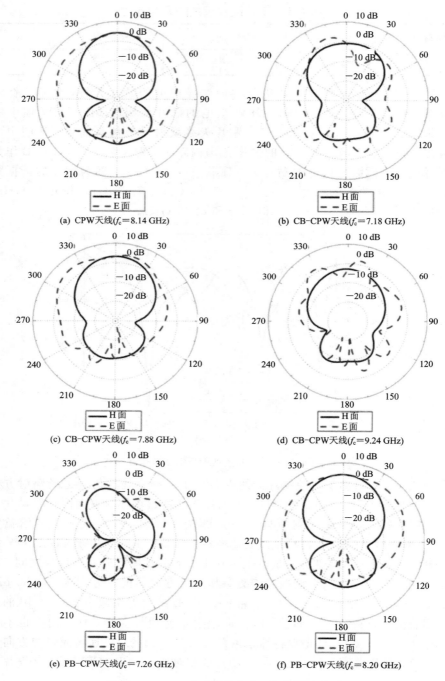

(a) CPW天线(f_c=8.14 GHz)

(b) CB-CPW天线(f_c=7.18 GHz)

(c) CB-CPW天线(f_c=7.88 GHz)

(d) CB-CPW天线(f_c=9.24 GHz)

(e) PB-CPW天线(f_c=7.26 GHz)

(f) PB-CPW天线(f_c=8.20 GHz)

图 6.4-18 三种天线的仿真远场辐射方向图

线在 7.26 GHz 和 8.20 GHz 的增益分别为－5.12 dB 和 4.04 dB。当工作在 7.26 GHz 时，PB‐CPW 馈电的贴片天线由于工作在 UC‐PBG 带隙范围外，并且，根据 PB‐CPW 应用实例 1 中的分析，该频率正好引起了 UC‐PBG 栅栏的谐振，所以，天线在 7.26 GHz 的反射系数较小，而辐射特性却比较差。相反，当工作在 8.20 GHz 时，PB‐CPW 馈电的贴片天线由于工作在 UC‐PBG 带隙范围内，平行板模式得到了有效的抑制，所以 PB‐CPW 馈电的贴片天线与共面波导馈电的贴片天线的特性相一致，增益相对 CPW 馈电天线减小了 0.26 dB，然而远高于 CB‐CPW 馈电天线的增益。

　　为了验证以上仿真结果，图 6.4‐19 给出了三种贴片天线的加工实物图。图 6.4‐20 给出了天线的反射系数的对比曲线，图 6.4‐21 给出了天线在 H 面的远场辐射方向图，测试结果均与仿真结果相一致。

图 6.4‐19　三种贴片天线加工实物图

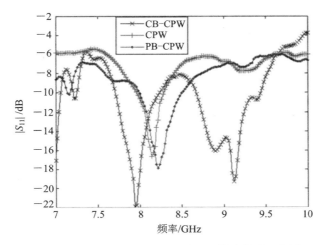

图 6.4‐20　三种贴片天线的测量反射系数对比曲线

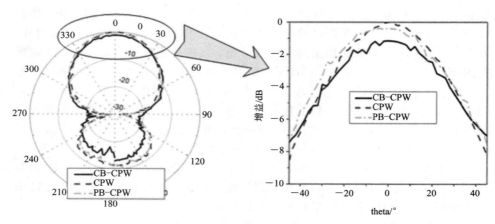

图 6.4 - 21　三种贴片天线在 H 面的远场辐射方向图

通过分析以上数据，可以归纳得出如下结论：

PB - CPW 馈电贴片天线与 CPW 馈电贴片天线相比较，由于 UC - PBG 有效地抑制了平行板模式，PB - CPW 馈电贴片天线与 CPW 馈电贴片天线的工作频率基本上相同；虽然采用 PB - CPW 馈电贴片天线可以有效地抑制 CPW 馈电贴片天线中存在的表面波，但是由于 PB - CPW 中仍然会存在由平行板模式引起的损耗以及在该频段 CPW 馈电贴片天线由缝隙耦合的表面波分量较小，所以，PB - CPW馈电贴片天线的增益要略小于 CPW 馈电贴片天线 0.26 dB。

PB - CPW 馈电贴片天线与 CB - CPW 馈电贴片天线相比较，在 UC - PBG 带隙范围内可以有效地抑制平行板模式，保持了贴片天线的谐振特性。然而，对于 CB - CPW 馈电贴片天线，由于平行板模式的存在，贴片天线出现多个频率反射系数小于 -10 dB，使贴片天线的工作频率明显地偏向低频端，甚至严重地畸变了贴片天线的远场辐射方向图。

6.4.5　PB - CPW 应用实例 3

基于以上两个实例的分析结果，本节就实例 2 所示的天线进行组阵分析，由于计算机内存容量的局限，本实例仅设计了一个 4 单元天线阵，结构如图 6.4 - 22所示。天线的具体几何尺寸与实例 2 一致。

图 6.4 - 23 为端口 1 与端口 2 的反射系数曲线，可以看出，阵列天线端口 1 与端口 2 的$|S_{11}|$参数曲线在 7 GHz 到 10 GHz 频率范围内具有较好的一致性，天线的谐振频率为 8.16 GHz，其对应的自由空间波长为 36.7 mm，阵列天线单元之间的距离为 24 mm，约为 $0.66\lambda_0$。当单元之间依次相差 80°时，那么根据公式(6.4.1)，可以求出波束指向偏离法线方向的角度。

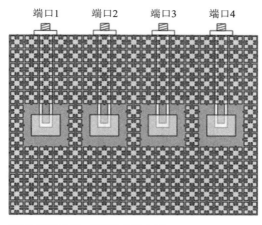

图 6.4 - 22　PB - CPW 构成的 4 单元阵列天线

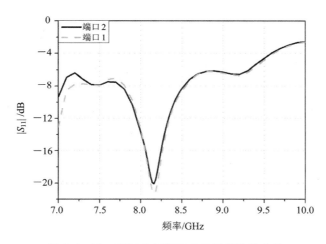

图 6.4 - 23　端口 1 与端口 2 的反射系数曲线

$$0.66\lambda_0 \times \sin \theta \frac{360°}{\lambda_0} = 80° \qquad (6.4.1)$$

　　通过求解公式(6.4.1)可以得出 $\theta = 19.68°$，与图 6.4 - 24 所示的仿真计算结果基本上相符。

　　图 6.4 - 25 给出了端口 1 与端口 2 分别馈电时，介质板中的电场强度分布图。从图中可以看出，UC - PBG 有效地抑制了单元之间由平行板模式引起的互耦。

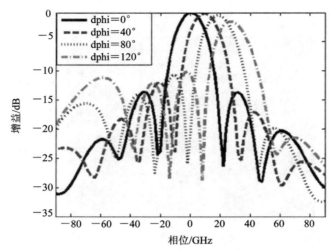

图 6.4 - 24　单元相位依次相差 dphi 角度时，天线的远场辐射方向图

图 6.4 - 25　阵列天线介质板中的电场强度分布图

6.5　本章小结

　　本章首先对 CB - CPW 结构进行了分析，特别对其中存在的平行板模式进行了重点分析，根据阵列叠加原理，在无限宽的 CB - CPW 结构中，平行板模式的传输方向与共面波导主模式存在一定的夹角；根据谐振腔原理，在有限宽的 CB - CPW 结构中，平行板模式存在谐振特性，并且在谐振频率上，CB - CPW 传输特性被严重的恶化，破坏了传输线良好的传输特性。

　　根据以上分析，平行板模式的存在对 CB - CPW 构成的微波器件有着负面作用，在实际器件中需要有效的抑制，通过对抑制平行板模式方法的研究，这里引入 UC - PBG 结构，给出了一种新型的 PB - CPW 结构。

　　这种结构的优点是：(1) PB - CPW 相对于 CPW 具有更好的机械强度，而且由 PB - CPW 构成的微波器件具有更好的散热特性，同时，电磁兼容性也好于由 CPW 构成的微波器件。(2) PB - CPW 相对于 CB - CPW 可以有效地抑制平行板模式引起的串扰以及能量的泄漏，提高了天线的工作效率，进而增加了天线的增益。(3) PB - CPW 不仅具有 CB - CPW 机械强度高、易散热和电磁兼容性好等优点，而且克服了 CB - CPW 中由平行板模式引起的串扰与损耗，也就是具有了 CPW 良好的传输特性。

　　这种结构的不足之处是：PB - CPW 的相对位置要求较高，而且 UC - PBG 单元较多，所以增加了电路的加工成本，对加工艺要求较高。

　　通过对三个实例的分析，也可以得出一个结论：当一个工作稳定的 CPW 构成微波器件放入一个金属盒时，该微波器件的工作特性会被恶化，甚至引起工作频率的偏移和电路的不稳定；相反，如果将其放入一个底座为 UC - PBG 的金属盒时，该微波器件的工作特性变化不大，并能维持电路稳定的工作，但是，需要固定两者之间的相对位置。

　　其中，为了更好的设计 PB - CPW 结构，本章还重点研究了 UC - PBG 的带隙特性，给出了 UC - PBG 结构的改进等效电路模型；同时，还介绍了三种计算 UC - PBG 带隙的数值计算方法，详细说明了计算原理和软件设置步骤；最后，通过一个给定尺寸的 UC - PBG 结构，运用三种方法分别进行了计算，并比较和分析了计算结果。

第 7 章　FDTD 在共面波导中的应用

7.1　引　　言

时域有限差分（Finite Difference Time Domain，FDTD）是在 1966 年由 K. S. Yee首次提出的，以 Yee 元胞为空间电磁场离散单元，将含时间变量的麦克斯韦旋度方程转化为一组差分方程进行计算机模拟的数值分析方法。本章针对共面波导结构的特点，对 FDTD 的一些关键技术进行了归纳，特别是针对共面波导激励源，给出了三种激励设置方法并比较了各自的特点；最后，运用时域有限差分法计算了共面波导馈电的双频天线。

7.2　运用 FDTD 计算共面波导的关键技术

7.2.1　麦克斯韦方程及其 FDTD 形式

无源区域麦克斯韦方程的两个旋度方程分别为

$$\nabla \times \boldsymbol{E} = -\mu \frac{\partial \boldsymbol{H}}{\partial t} - \sigma_m \boldsymbol{H} \tag{7.2.1}$$

$$\nabla \times \boldsymbol{H} = \varepsilon \frac{\partial \boldsymbol{E}}{\partial t} + \sigma \boldsymbol{E} \tag{7.2.2}$$

将两个旋度方程离散化，即将公式（7.2.1）和公式（7.2.2）展开为公式（7.2.3）表示的标量方程：

$$\frac{\partial E_x}{\partial t} = -\frac{1}{\varepsilon}\left(\frac{\partial H_z}{\partial y} - \frac{\partial H_y}{\partial z} - \sigma_e E_x\right), \quad \frac{\partial H_x}{\partial t} = -\frac{1}{\mu}\left(\frac{\partial E_y}{\partial z} - \frac{\partial E_z}{\partial y} - \sigma_m H_x\right)$$

$$\frac{\partial E_y}{\partial t} = -\frac{1}{\varepsilon}\left(\frac{\partial H_x}{\partial z} - \frac{\partial H_z}{\partial x} - \sigma_e E_y\right), \quad \frac{\partial H_y}{\partial t} = -\frac{1}{\mu}\left(\frac{\partial E_z}{\partial x} - \frac{\partial E_x}{\partial z} - \sigma_m H_y\right) \tag{7.2.3}$$

$$\frac{\partial E_z}{\partial t} = -\frac{1}{\varepsilon}\left(\frac{\partial H_y}{\partial x} - \frac{\partial H_x}{\partial y} - \sigma_e E_z\right), \quad \frac{\partial H_z}{\partial t} = -\frac{1}{\mu}\left(\frac{\partial E_x}{\partial y} - \frac{\partial E_y}{\partial x} - \sigma_m H_z\right)$$

将 $\boldsymbol{E}$ 或 $\boldsymbol{H}$ 在直角坐标系中的某一分量在时间和空间域中离散，并关于时间和空间的一阶偏导数取中心差分近似，即得到电场和磁场的各个分量的差分形式（以 z 向电场分量为例），如式（7.2.4）所示：

$$E_z^{n+1}\left(i,\ j,\ k+\frac{1}{2}\right)$$

$$=CA(m)\cdot E_z^n\left(i,\ j,\ k+\frac{1}{2}\right)$$

$$+CB(m)\cdot\left[\frac{H_y^{n+\frac{1}{2}}\left(i+\frac{1}{2},\ j,\ k+\frac{1}{2}\right)-H_y^{n+\frac{1}{2}}\left(i-\frac{1}{2},\ j,\ k+\frac{1}{2}\right)}{\Delta x}\right.$$

$$\left.-\frac{H_x^{n+\frac{1}{2}}\left(i,\ j+\frac{1}{2},\ k+\frac{1}{2}\right)-H_x^{n+\frac{1}{2}}\left(i,\ j-\frac{1}{2},\ k+\frac{1}{2}\right)}{\Delta y}\right] \tag{7.2.4}$$

其中：$CA(m)=\dfrac{1-\dfrac{\sigma(m)\Delta t}{2\varepsilon(m)}}{1+\dfrac{\sigma(m)\Delta t}{2\varepsilon(m)}}$，$CB(m)=\dfrac{\dfrac{\Delta t}{\varepsilon(m)}}{1+\dfrac{\sigma(m)\Delta t}{2\varepsilon(m)}}$。

上式中标号 m 代表观察点处的坐标。同理，其余场分量的离散形式可以类似得到。

在 FDTD 离散中，电场和磁场各节点的空间排布如图 7.2 - 1 所示，这就是著名的 Yee 元胞。由图可见，每一个磁场分量有四个电场分量环绕，同样，每一个电场分量有四个磁场分量环绕。这种电磁场分量的空间取样方式不仅符合法拉第感应定律和安培环路定律的自然结构，而且这种电磁场各分量的空间相对位置也适合于麦克斯韦方程的差分计算，能够恰当地描述电磁场的传播特性。

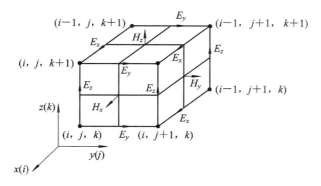

图 7.2 - 1　FDTD 离散中的 Yee 元胞

此外，电场和磁场在时间顺序上交替抽样，抽样时间间隔彼此相差半个时间步，这将使麦克斯韦方程离散以后构成显式差分方程，从而可以在时间上迭代求解，而不需要进行矩阵求逆运算。图 7.2 - 2 描述了 FDTD 的计算流程。

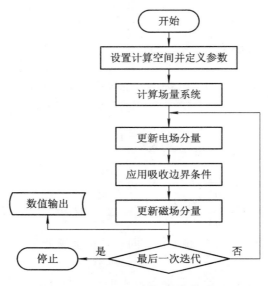

图 7.2-2　FDTD算法的计算流程

7.2.2　数值稳定性条件

FDTD 是以一组有限差分方程求解麦克斯韦方程，即以差分方程组的解来代替原来电磁场偏微分方程组的解。只有离散后差分方程组的解是收敛和稳定的，这种代替才有意义。而稳定性是寻求一种离散间隔所满足的条件，在此条件下，差分方程的数值解和原方程的严格解之间的差才为有界。

空间和时间离散间隔之间应当满足 Courant 稳定性条件：

$$c\Delta t \leqslant \frac{1}{\sqrt{\frac{1}{(\Delta x)^2} + \frac{1}{(\Delta y)^2} + \frac{1}{(\Delta z)^2}}} \tag{7.2.5}$$

为减小差分近似所带来的数值色散，要求空间间隔：

$$\Delta x(\text{或 } \Delta y, \Delta z) \leqslant \frac{\lambda}{12} \tag{7.2.6}$$

对于非单色波的时域脉冲信号，应以信号带宽中所对应的上限频率之波长 $\lambda_{\min}$ 来代替上式中的 λ。

7.2.3　吸收边界的设置

在利用 FDTD 分析天线时，天线的辐射场应该在无边界空间传播，然而，FDTD 的计算空间是有界的，当辐射场到达边界时，会被反射回计算空间。因此，当辐射场到达 FDTD 空间的边界时，必须有一个吸收体来吸收这些场，才会近似仿真出无边界自由空间的辐射。在平面天线求解中常用一阶和二阶 Mur 吸收边界条件以及 Berenger 提出的完全匹配层(PML)吸收边界条件。

对于 Mur 吸收边界条件，平面天线距离外部边界越远，外向波的吸收就越好，这是由于当它们远离辐射源时，这些波更接近平面波。对于简单结构的平面天线，设置一阶和二阶 Mur 吸收边界条件求解已经足够精确，但对于复杂结构的平面天线，如高介电常数、天线阵以及多层结构的平面天线，FDTD 计算空间较大，对计算机内存容量的要求比较高，这样为了减小计算空间从而加快计算速度，选择将边界移近，但这将导致相应的吸收边界变得不稳定。而且如果外部边界距天线太近，有时也会将精确解所需的场吸收掉。因此对于结构复杂的平面天线，采用一阶和二阶 Mur 吸收边界条件常常不能得到精确的求解。针对这种情况，通常采用 Berenger 提出的完全匹配层(PML)吸收边界条件。

完全匹配层(PML)吸收边界是一种基于吸收层的技术，其根本是在 FDTD 区域截断边界处设置一种特殊介质层，该层介质的波阻抗与相邻介质波阻抗完全匹配，因而入射波将无反射地穿过分界面而进入了 PML；并且由于 PML 为有耗介质，进入 PML 的电磁波在行进中迅速衰减，当衰减到一定程度时，就可以用理想导体来截断完全匹配层。由于上述特性与电磁波频率和入射角无关，因此能在宽频带、大入射角范围内有效地吸收入射波。在复杂结构平面天线的分析中，PML 吸收边界条件与 Mur 吸收边界条件相比不仅可以大大减小计算网格空间，降低对计算机内存的消耗，并且 PML 吸收边界对来波的吸收与波的频率和入射角度无关，吸收效果更好。

7.2.4　共面波导端口激励设置

由于共面波导结构的特殊性，这里给出了三种激励方式。

图 7.2 - 3 是 CPW 结构的激励源设置示意图，由于 CPW 是对称的结构，因此为了节省内存空间，便使用磁壁来减少一半的内存需求量。

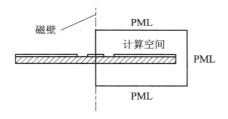

图 7.2 - 3　CPW 结构的激励源设置示意图

1. 第一种激励方式[155]

为了配合 CPW 的结构,在激励面上以 E_x 为激励,图 7.2-4 中平面 1 是吸收边界,平面 2 则是提取面。当激励时,电磁波沿着 CPW 线传输,此时则将平面 2 的 E_x、E_z 记录下来,再利用平面 2 的 E_x、E_z 值当作真正的激励。

其原理是利用电磁波在沿着共面波导传输时,只能依据可以传输的模式传播,因此在平面 2 所提取的电场值是 CPW 的真正电场分布。为得到正确的电场值,平面 2 及激励面之间需要有一定的距离,而且,平面 1 处不理想的吸收边界会影响到平面 2 电场值的正确性。

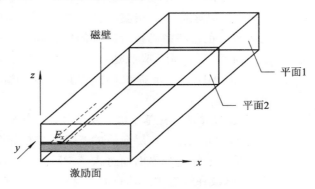

图 7.2-4 CPW 激励方式 1

然而,此种激励方式有一定的不足之处。首先,需要较大的内存容量来运算,而且由于吸收边界的不理想,使得平面 1 及平面 2 之间需要有一定的距离,相对地也就需要较大的空间;其次,在分析 CPW 电路时,需要先计算激励面的电场值,而此举将需要多耗费一段时间。

2. 第二种激励方式[156]

由于激励 CPW 结构需要使用相近的电场分布来做激励源,因此第二种激励方式就是要找出相近 CPW 结构的电场分布形式,其方式便是利用静电学中电荷产生电场的概念,如图 7.2-5 所示。

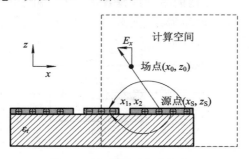

图 7.2-5 CPW 激励方式 2

在图 7.2 - 5 中，假设在导体上分布着电荷，而这些电荷便会产生电场，因此 x-z 平面上每一点的电场分布，都可以利用电荷计算出来。这种电场分布比较接近 CPW 的电场分布，所以可以用计算所得的结果来做激励源。其计算 E_x 的公式如式(7.2.7)所示：

$$
\begin{aligned}
E_x = & -\int_{-\infty}^{-x_2} \frac{x_s - x_0}{\left[(x_0 - x_s)^2 + (z_0 - z_s)^2\right]^{3/2}} \mathrm{d}x_s \\
& + \int_{-x_1}^{x_1} \frac{x_s - x_0}{\left[(x_0 - x_s)^2 + (z_0 - z_s)^2\right]^{3/2}} \mathrm{d}x_s \\
& - \int_{x_2}^{\infty} \frac{x_s - x_0}{\left[(x_0 - x_s)^2 + (z_0 - z_s)^2\right]^{3/2}} \mathrm{d}x_s
\end{aligned}
\tag{7.2.7}
$$

文献[156]中仅给出了 E_x 分量的计算公式，这里在分析的场分布的基础上，为了进一步准确地描述端口上的场量分布，引入了 E_z 分量的计算公式：

$$
\begin{aligned}
E_z = & -\int_{-\infty}^{-x_2} \frac{z_s - z_0}{\left[(x_0 - x_s)^2 + (z_0 - z_s)^2\right]^{3/2}} \mathrm{d}x_s \\
& + \int_{-x_1}^{x_1} \frac{z_s - z_0}{\left[(x_0 - x_s)^2 + (z_0 - z_s)^2\right]^{3/2}} \mathrm{d}x_s \\
& - \int_{x_2}^{\infty} \frac{z_s - z_0}{\left[(x_0 - x_s)^2 + (z_0 - z_s)^2\right]^{3/2}} \mathrm{d}x_s
\end{aligned}
\tag{7.2.8}
$$

公式(7.2.7)是 E_x 的计算式，公式(7.2.8)是 E_z 的计算式，把所有电荷所贡献的场加起来，就可得知所需观察位置的电场值。然后，采用此电场值并引入激励信号的时间特性来设置激励端口，便可以实现与共面波导传输模式更加吻合的场分布来激励共面波导。

3. 第三种激励方式[157]

此种激励方式是直接在 CPW 上激励，但需要较良好的吸收边界，如 PML 吸收边界。这是因为 PML 的吸收效果比较不受入射角度及频率所影响，故适用于此种激励方式。然而为了使激励源接近 CPW 的传输形式，把激励方式 1 中的 E_x 场分量用公式(7.2.9)来表示：

$$
E_x(x,\ t) = E_0 \frac{e^{-((-t-t_0)/T)^2}}{\sqrt{1 - \left(\dfrac{x - x_0}{l}\right)^2}}
\tag{7.2.9}
$$

由公式(7.2.9)可以知道，E_x 是时间与空间的函数。在时域上，E_x 是一个高斯脉冲；但在空间上，则是接近 CPW 传输形式的函数。T 是控制脉冲宽度，x_0 则是缝隙的中间位置，l 是缝隙的一半宽度。此 E_x 是用来激励 CPW 线的两个缝上的场，且有 $180°$ 的相位差。

对比三种不同的激励方式，对于激励方式 1 的设置方法类似于仿真软件中

Lumped port 的设置方法，为了达到共面波导传输线的稳定形式，需要额外增加一定的传输距离来达到场分布的稳定，增加了计算空间。对于激励方式 2 的设置方法类似于仿真软件中 Wave port 设置方法，直接采用与共面波导传输模式一致的场分布来激励，不要求增加额外的计算空间。对于激励方式 3 的设置方法介于前两者之间。在计算过程中，均采用激励方式 2 来进行输入端口的设置。

7.2.5　局部共形 FDTD

FDTD 中另一个重要的研究热点是曲线边界的共形模拟问题。如果计算机资源足够，任何曲线边界都可以简单地用直角来近似处理，但事实是计算机资源是有限的，根本不可能做到这一步。在这里介绍局部共形 FDTD 方法。

1. 基本原理与公式

局部共形 FDTD 的思路很简单[158]，它假设磁场分量所处的位置与 Yee 网格中的一样，但边界上的电场分量假设处于该分量所在的棱上，并且位于该棱露出金属边界的中心位置，如图 7.2 - 6 所示。这样，在每一个网格（包括变形网格和正常网格）上，使用麦克斯韦积分方程，得到：

$$H_{z1}^{n+\frac{1}{2}} = H_{z1}^{n-\frac{1}{2}} + \frac{\Delta t}{\mu A_1}(E_{x1}^n l_{x1} - E_{y1}^n l_{y1}) \tag{7.2.10}$$

$$H_{z2}^{n+\frac{1}{2}} = H_{z2}^{n-\frac{1}{2}} + \frac{\Delta t}{\mu A_2}(E_{x2}^n \Delta x - E_{x3}^n l_{x2} - E_{y2}^n \Delta y + E_{y1}^n l_{y1}) \tag{7.2.11}$$

通过上述公式，可以把公式描述为：n 时刻的磁场值等于上一时刻的磁场值与环绕该磁场的电场值沿闭合线积分乘以因子 $\Delta t/\mu A$ 之和，其中 A 为网格内非金属区域的面积。

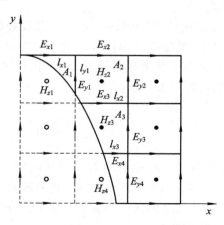

图 7.2 - 6　局部共形 FDTD 网格划分

电场迭代跟 Yee 算法一样，不需要作特殊处理。在上面的方程中，变形网格的面积可以用直线段代替相应的曲线段来近似的计算，如图 7.2 - 7 所示，$l_{ij}(i=x,y;j=1,2)$ 表示该网格单元的棱边露出金属的部分(图中用线状阴影表示金属)，如果某一棱边全在金属内，则相应的 $l_{ij}=0$。假定

$$l_{xm} = \min(l_{x1},l_{x2}) \qquad (7.2.12)$$

$$l_{ym} = \min(l_{y1},l_{y2}) \qquad (7.2.13)$$

这样，图中所有截断情况下非金属区的面积为

$$A = \frac{1}{2}(l_{x1}l_{y1} + l_{x1}l_{y2} + l_{x2}l_{y1} + l_{x2}l_{y2} - 2l_{xm}l_{ym}) \qquad (7.2.14)$$

接下来，通过第一种变形网格情况验证公式：

$$A = \frac{1}{2}l_{x2}l_{y1} + \frac{1}{2}l_{x2}l_{y2} + \frac{1}{2}l_{x1}(l_{y2} - l_{y1})$$

$$= \frac{1}{2}l_{x2}l_{y1} + \frac{1}{2}l_{x2}l_{y2} + \frac{1}{2}l_{x1}l_{y2} - \frac{1}{2}l_{x1}l_{y1}$$

$$= \frac{1}{2}(l_{x1}l_{y1} + l_{x1}l_{y2} + l_{x2}l_{y1} + l_{x2}l_{y2} - 2l_{x1}l_{y1}) \qquad (7.2.15)$$

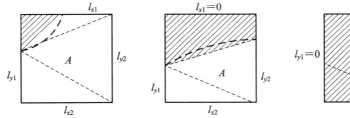

图 7.2 - 7　变形网格面积的近似计算

由于该技术可用于第 4 章中的单极子天线，仅涉及到金属平面而没有涉及到金属体，因此可以简化为只需要把金属层上且与金属边相交网格的磁场分量用上述公式代替。根据金属层的边界条件，在金属层内部网格的法向磁场可以直接强制为 0，因此，局部共形 FDTD 算法可以采用以下流程式：

(1) 判断磁场网格是否与金属边界相交。

(2) 如果不相交，判断是否在金属内部，若是则令 $H_z=0$，否则仍维持 Yee 算法。

(3) 如果相交，通过面积来判断磁场是否在金属内部，其中面积小于网格面积一半时，则令 $H_z=0$，否则采用上述公式。

2. 稳定性要求

局部共形 FDTD 的稳定性受离散空间步长和时间步长的控制。在上述迭代式中，变形网格面积 A 处于分母的位置，特殊情况下 A 很小，有可能引起数值发散，因此必须控制 A 的大小。如果 Courant 常数取为极限值 $\Delta t_{\max}$，时间步长

与网格变形程度之间满足如表 7.2.1 所示的经验关系时，可以保证局部共形 FDTD 是稳定的。

表 7.2.1　局部共形 FDTD 稳定性要求

时间步长 Δt	变形网格面积与非变形网格面积之比 $\dfrac{A}{\Delta^2}$	最大单元截断边长：$\max\{l_{ij}\mid l_{ij}\neq\Delta,\ i=x、y、z,\ j=1,2\}$
$\Delta t=0.5\Delta t_{\max}$	$\geqslant 1.5\%$	$\geqslant\dfrac{1}{15}\Delta$
$\Delta t=0.7\Delta t_{\max}$	$\geqslant 2.5\%$	$\geqslant\dfrac{1}{10}\Delta$

7.2.6　近远场外推技术

用 FDTD 计算天线问题的时候，常常需要计算远区场，由于计算机资源有限，FDTD 只能模拟有限的计算空间，计算出临近目标的近场，然后通过近远场变换才能得到远区场。近远场变换可以分为三种：一是基于 Huygen's 等效原理，二是基于 Stratton - Chu 积分，三是基于 Kirchhoff 积分。前两种方法计算某一远场分量要用到积分面上所有的近场分量，实现比较复杂；后一种方法计算某一远场只用到与之相同的近场分量，实现简单，但文献中的近远场变换都必须保存积分面上上一步的场值，增加了内存开销。这里采用将每一时间步的近场对远区的贡献分别计算求和的办法，避免了此项内存开销，近远场变换也得到了进一步简化。其具体的推导公式与详细的计算原理可以参考文献[157]。

7.3　共面波导馈电双频天线的 FDTD 分析

7.3.1　共面波导馈电双频天线

利用槽孔天线形成双频工作必须要具备两个条件：首先要形成两个同极性、不同工作频率的等效磁流回路以形成双频带；其次要同时达到两个工作频带的阻抗匹配。

图 7.3-1 所示为一个载入开路环形金属带的双频印刷槽孔天线的几何结构图，此印刷天线印制在厚度 $h=1.6$ mm，介电常数 $\varepsilon_r=4.4$ 的 FR-4 介质板上，介质板的尺寸为 88 mm×75 mm。在此结构中，在一个尺寸为 $L\times W$ 的矩形印刷槽孔上载入一个宽度为 d 的开路环形金属带。由于开路环形金属带的引入，使得印刷槽孔天线被视为两个互相耦合的槽孔天线。其中一个是槽孔宽度为 s 的矩形槽孔回路天线，另一个是尺寸为 $L_s\times W_s$ 的矩形槽孔天线，这两个槽

孔天线都利用电容式共面波导的馈入方式。为了实现与特性阻抗为 50 Ω 同轴线连接，选取共面波导信号线宽为 6.37 mm，与两端地平面的间距为 0.5 mm。共面波导馈入线上有一个长度为 t 的调谐枝节，同时，在平行于共面波导的信号线方向上使用一对长度为 b 的调谐枝节，其连接于开路环形金属带上。通过选择适当的变量 b 与变量 t 的大小，此印刷槽孔天线的两个共振模式可以被激励并且达到良好的阻抗匹配。根据槽孔天线的工作原理，可以得知第一个共振频率 f_1 主要是由矩形回路天线的周长（$2L+2W$）来决定，而第二个共振频率 f_2 大致是由矩形槽孔天线的长度 L_s 来决定。这里所设计天线的几何尺寸如表 7.3.1 所示。

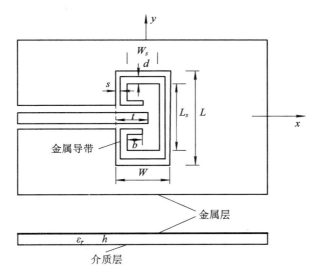

图 7.3-1　共面波导馈入双频印刷槽孔天线的几何结构图

表 7.3.1　天线的几何尺寸

$L \times W$/mm×mm	$L_s \times W_s$/mm×mm	s/mm	d/mm	t/mm	b/mm
44.9×19.8	34.3×9.2	1.9	3.4	17.9	3.5

7.3.2　FDTD 计算模型

在建模过程中，FDTD 空间网格大小的选择必须满足经过一个时间步时电磁场量没有很大的改变，对于由介质板构成的平面天线来说，网格尺寸一般取 Δx（或 Δy）$\leqslant \lambda_{\max}/20$。对于介质基板厚度，至少需要三个网格单元建模，以便准确考虑介质材料的影响。为了计算的稳定性，时间步长满足 Courant 稳定性条件。

设计双频天线关心的频段是 1 GHz～3 GHz，由于稳定条件与几何结构尺寸的限制，采用了局部网格剖分技术可以实现对细小区域的精确模拟，同时也可以减少对内存的需求。在金属贴片的上下各 8 个单元的整个区域内，为了达到对槽孔部分和金属带部分的精确模拟，在最小的槽孔部分采用 3 个单元来剖分，所以，$\Delta x = \Delta y = \dfrac{\text{最小缝宽}}{3} = \dfrac{1.9 \text{ mm}}{3} = 0.63 \text{ mm}$，$\Delta z = \dfrac{\text{介质高度}}{3} = \dfrac{1.6 \text{ mm}}{3} = 0.53 \text{ mm}$，其余的计算区域内，$\Delta x = \Delta y = \dfrac{\text{最小波长}}{28} = \dfrac{100 \text{ mm}}{28} \approx 3.6 \text{ mm}$，$\Delta z = 5 \text{ mm}$。根据 Courant 稳定性条件，时间步长取为 0.5 s。完全匹配层（PML）的层数取为 6 层。对于时间域的计算，取激励源信号衰减为输入信号的 -40 dB 为衡量数值计算收敛的标准。对于介质板－空气分界面，为保证切向电场和法向磁场的连续性，介电常数取平均数 $\varepsilon = (\varepsilon_r + \varepsilon_0)/2 = 2.7$，损耗参数也取其平均值。

为了加快数值计算的速度，选取脉冲信号作为激励源，以 0～10 GHz 作为研究频段。图 7.3－2 所示为激励信号的时域波形，图 7.3－3 为激励信号的傅立叶变换，可以看出信号覆盖了研究的频段。

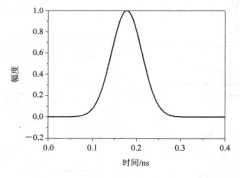

图 7.3－2　天线输入段激励信号

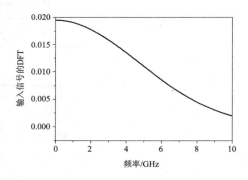

图 7.3－3　天线输入段激励信号的
傅立叶变换（频谱特性）

7.3.3　FDTD 计算结果

图 7.3－4 和图 7.3－5 中分别给出了激励面上提取出的反射信号的时域波形以及频谱特性，通过比较反射信号的频谱图与激励信号的频谱图可以得出该天线的反射系数曲线。图 7.3－6 中给出了天线实物图，图 7.3－7 中给出了天线的反射系数的测量曲线与计算曲线的对比图。为了更加明显地表现双频特性，图 7.3－7 仅给出了 0～5 GHz 频谱范围内的曲线。可以看出，用 FDTD 计算出的反射系数曲线与实测结果基本上一致，可以达到预测谐振频率的目的。

分析存在误差的主要原因为：① 有限的仿真时间造成了数字截断误差，可以通过进一步提高收敛标准来改善；② 局部网格剖分技术中，网格过渡部分的处理需要进一步改进；③ 实物加工中，由于中间信号线宽度较大，增加了焊接的难度，焊点的不连续性引起了天线电特性的变化。

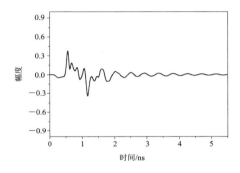

图 7.3-4　天线输入段反射信号

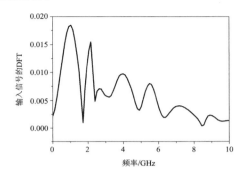

图 7.3-5　输入段反射信号的傅立叶
　　　　　变换（频谱特性）

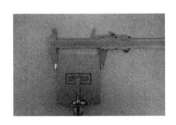

图 7.3-6　天线加工实物图

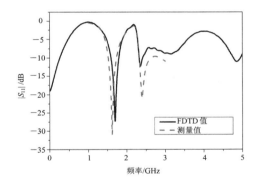

图 7.3-7　反射系数的对比曲线

图 7.3-8 所示为电场在缝隙外的分布情况，可以充分证明工作于两个不同的谐振频率时，双频天线的电场分布集中在不同的缝隙处，在 1680 MHz 时，电场主要集中在小的矩形缝隙处，并呈现驻波分布，且半个波长近似等于 $2L+2W$；在 7.34 GHz 时，电场主要集中在外环的缝隙处，并呈现驻波分布，且波长近似等于 L_s；从图 7.3-9 可以看出，在 E 面上，交叉极化小于 -40 dB，具有较好的极化纯度，而在 H 面上，低频率点交叉极化大于 -20 dB，在高频率点交叉极化不到 -20 dB；同时，在高频率点，天线的远场辐射方向轻微地偏离了法线方向。

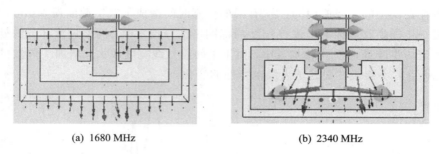

(a) 1680 MHz   (b) 2340 MHz

图 7.3 - 8　工作于两个不同谐振频率时的缝隙处的电场分布情况

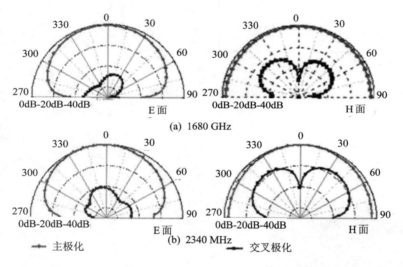

图 7.3 - 9　工作于两个不同谐振频率时的天线远场辐射图

7.4　本章小结

　　本章主要介绍了 FDTD 的基本理论，研究了数值稳定性条件、吸收边界设置的原理及方法、局部共形 FDTD 技术等，其中，重点给出了共面波导激励源的三种设置方法，并对比了各自的优缺点，选取了所占内存容量小、计算时间快的激励源方式 2 作为计算中的应用。最后，运用 FDTD 方法计算了共面波导馈电的双频天线，计算结果和测量结果吻合较好，验证了 FDTD 在共面波导中应用的有效性，并且分析了双频天线的工作原理，为进一步运用 FDTD 方法来计算其他天线打下了坚实的基础。

参 考 文 献

［1］廖承恩. 微波技术基础［M］. 西安：西安电子科技大学出版社，1995.

［2］Byron E V. A new flush-mounted antenna element for phased array application ［A］Proc Phased-Array Antenna Symp［C］，1970：187－192.

［3］Munson R E. Single slot cavity antennas assembly ［P］. U. S. ，No. 3713162，Jan 23，1973.

［4］张钧，刘克成，张贤铎，等. 微带天线理论与工程［M］. 北京：国防工业出版社，1988.

［5］Wen C P. Coplanar waveguide：A surface strip transmission line suitable for nonreciprocal gyromagnetic device applications ［J］. IEEE Trans. on MTT，1969，17(12)：1087－1090.

［6］Wen C P. Coplanar waveguide directional couplers ［J］. IEEE Trans. MTT，1970，18(12)：318－322.

［7］Davis M E. Finite boundary corrections to the coplanar waveguide analysis ［J］. IEEE Trans. on MTT，1973，21：594－596.

［8］Knorr J B，Kuchler K D. Analysis of coupled slt and coplanar strips on dielectric substrate ［J］. IEEE Trans. on MTT，1975，23(7)：541－548.

［9］Gopinath A. Losses in coplanar waveguides ［J］. IEEE Trans. on MTT，1982，30(7)：1101－1104.

［10］Veyres C，Hanna V Fouad. Extension of the application of conformal mapping techniques to coplanar lines with finite dimensions ［J］. INT. J. Electronics，1980，48(1)：47－56.

［11］Shi Wei Qu，Cheng Li Ruan，Wang Bing Zhong. Bandwidth enhancement of wide-slot antenna fed by CPW and microstrip line ［J］. IEEE antennas and wireless propagation letters，2006，5：15－17.

［12］Chair R，Kishk A A，Lee K F，et al. Microstrip line and CPW fed ultra wideband slot antennas with U-shaped tuning stub and reflector ［J］. Progress in electromagnetics research，2006，56：163－182.

［13］Hanna V Fouad，Thebault D. Analysis of asymmetrical coplanar waveguides [J]. INT. J. Electronics, 1981, 50(3): 221 - 224.

[14] Hanna V Fouad, Thebault D. Theoretical and experimental investigation of asymmetric coplanar waveguides [J]. IEEE Trans. on MTT. , 1984, 32(12): 1649 - 1651.

[15] Seki S, Hasegawa H. Cross-tie slow-wave coplanar waveguide on semi-insulating GaAs substrate [J]. Electron Letters, 1981, 17(25): 940 - 941.

[16] Shih Y C, Itoh T. Analysis of conductor-backed coplanar waveguide [J]. Electron Lett. , 1982, 18(6): 538 - 540.

[17] Alessandri F. Theoretical and experimental characterization of non-sysmetrically shielded coplanar waveguides for millimeter-wave circuits. IEEE Trans. MTT, 1989, 37(12): 2020 - 2023.

[18] 周希朗, 王曙. 全屏蔽共面波导的准静态分析. 微波学报, 1999, 15(3): 234 - 237.

[19] Wilson A, Artuzi Jr, Yongyama T. Characterization and measurements of laterally shielded coplanar waveguide at millimeter wavelengths. IEEE Trans. on MTT, 1994, 42(1): 150 - 153.

[20] Fang shao Jun. Analysis of asymmetric coplanar waveguide with conductor backing. IEEE Trans. on MTT, 1999, 47(2): 238 - 240.

[21] Rogla L J, Carbonell J, Boria V E. Equivalent circuit representation of Left-handed media in coplanar waveguide technology [A]. Microwave Conference[C], European 2005, 1: 4 - 6.

[22] Seo S, Park S, Joung J. Micro pattering of Nano Metal Ink for printed circuit board using Inkjet Printing Technology [J]. J. of the Korean Soc. Prec. Eng. , 2007, 24: 89 - 96.

[23] Giauffret L, Laheurte J M. Mcirostrip Antennas Fed by Conductor-backed Coplanar Waveguide [J]. Electron. Lett. , 1996, 32: 1149 - 1150.

[24] Kiasat Yasaman, Alphones A. A CRLH CPW leaky-wave antenna with reduced beam squinting [A]. APMC2008[C], 2008.

[25] Simion S, Sajin G, Marcelli R, et al. Silicon resonating antenna based on CPW composite Right/Left-handed transmission line [A]. Proceedings of the 37th European Microwave Conference [C], Munich Germany, Oct 2007: 478 - 481.

［26］Rida A，Yang L，Vyas R，et al. Novel manufacturing processes for ultra-low-cost paper—based RFID Tags with enhanced wireless intelligence ［A］. Procs. 57th IEEE-ECTC Symp［C］，Sparks，NV，2007：733.

［27］Yang L，Tentzeris M. Design and characterization of novel paper—based Inkjet—Printed RFID and Microwave Structures for Telecommunication and sensing applications ［A］. Digest IEEE Intl. Micro. Symp. Honolulu ［M］，HI，2007：1633.

［28］Lee Hee Jo，Seo Shanghoon，Yun Kwansoo，et al. RF performance of CPW transmission line fabricated with Inkjet printing technology ［A］. APMC2008，2008.

［29］Simons R N，Ponchak G E，Lee R Q，et al. Coplanar waveguide fed phased array antenna ［A］. IEEE AP-S. Dig［C］，1990：1778－1781.

［30］Menzel W，Grabherr W. A microstrip patch antenna with coplanar feed line ［J］. IEEE Microwave and Guided Wave Letters，1991，1(11)：340－342.

［31］Nesic A. Endfire slotline antennas excited by a coplanar waveguide ［A］. IEEE Antennas and Propagation Society Int Symp. Dig.［C］，1991：700－702.

［32］Federal Communications Commission. First Report and Order，revision of part 15 of Commission's rule regarding ultra-wideband transmission system FCC 02－48，Apr. 22，2002.

［33］Chen H D. Broadband CPW-fed square slot antennas with a widened tuning stub ［J］. IEEE Trans AP，2003，51：1982－1986.

［34］Chiou J Y，Sze J Y，Wong K L. A broad-band CPW-fed strip-loaded square slot antenna ［J］. IEEE Trans. AP，2003，51：719－721.

［35］Chair R，Kishk A A，Lee K F. Ultrawide-band coplanar waveguide-fed rectangular slot antenna ［J］. IEEE Antenna Wirel. Propag Lett，2004，3：227－229.

［36］Kim Y，Kown D H. CPW-fed planar ultra wideband antenna having a frequency band notch function ［J］ Electron. Lett，2004，40(7)：403－404.

［37］Suh S Y，Stuzman W，Davis W，et al. A novel cpw-fed disc antenna ［A］. IEEE AP-S Int. Symp. Dig［C］，2004：2919－2922.

[38] Kwon Do Haon, Kim Yondin. Cpw-fed planar ultra-wideband antenna with hexagonal radiating elements [A]. IEEE AP-S Int. Symp[C], 2004: 2947 - 2950.

[39] Wei Wang, ShunShi Zhong, XianLing Liang. A broadband CPW-fed arrow-shaped monopole antenna [A]. IEEE AP-S Int. Symp[C], 2004: 751 - 754.

[40] Jun Wei Niu, ShunShi Zhong. A CPW fed broadband slot antenna with linear taper [J]. Microwa ve Opt. Technol. Lett., 2004, 41(3):218 - 221.

[41] Kim Y, Kwon D H Cpw-fed planar ultra wideband antenna having a frequency band notch function [J]. Electronics Letters, 2005, 41(7): 403 - 405.

[42] SaouWen Su, KinLu Wong, FaShian Chang. Compact printed ultra-wideband slot antenna with a band-notched operation [J]. Microwave and Optical Technology Letters, 2005, 45(2): 128 - 130.

[43] Liang J, Guo L, Chiau C C, et al. Study of CPW-fed circular disc monopole antenna for ultra wideband applications [J]. IEE Proceeding Microwave, Antennas and Propagation, 2005, 9(12): 520 - 526.

[44] Guo L, Liang J, Parini C G, et al. A time domain study of CPW-fed disk monopole for UWB applications [A]. APMC2005[C], 2005.

[45] Jianxin Liang, L Guo, et al. CPW-fed circular disc monopole antenna for UWB applications [A]. IWAT2005[C], Mar 2005: 505 - 508.

[46] Chen H D, Chen H M, Chen W S. Planar cpw-fed sleeve monopole antenna for ultra - wideband operation [J]. IEE Proceeding Microwave, antennas and propagation, 2005, 52(6): 491 - 494.

[47] Chang D C, Lin M Y, Lin C H. A cpw-fed U type monopole antenna for UWB applications [A]. IEEE Antenna Propag. Soc. Int. Symp [C], Jul. 2005, 15A: 512 - 515.

[48] Qiu Xiao Ning, Ananda, Sanagavarapu, et al. CPW-fed symmetrically modified ultra-wideband planar antenna [A]. APMC2005[C], 2005.

[49] Xian Ling Liang, Shun Shi Zhong, Feng Wei Yao. Compact UWB tapered CPW-fed planar monopole antenna [A]. APMC2005[C], 2005.

[50] 汪伟，钟顺时，陈胜兵. 宽带共面波导馈电"△"形单极天线[J]. 西安电子

科技大学学报(自然科学版)，2005，32(2)：323 – 326.

[51] 汪伟. 宽带印刷天线与双极化微带及波导缝隙天线阵[D]，上海：上海大学，2005.

[52] Ma T G，Tseng C H. An ultrawideband coplanar waveguide-fed tapered ring slot antenna [J]. IEEE Trans. AP，2006，54(4)：1105 – 1110.

[53] Li P C，Liang J X，Chen X D. Study of printed elliptical/circular slot antennas for ultrawideband applications [J]. IEEE Trans. AP，2006，54：1670 – 1674.

[54] Denidni T A，Habib M A. Broadband printed CPW-fed circular slot antenna [J]. Electron. Lett，2006，42(2)：135 – 136.

[55] Lin Y C，Hung K J. Compact ultrawideband rectangular aperture antenna and band-notched designs [J]. IEEE Trans. AP，2006，54：3075 – 3081.

[56] Saed M A. Broadband CPW-fed planar slot antennas with various tuning stubs [J]. Progress in electromagnetics research，2006，66：199 – 212.

[57] Lee Chien Ming，Yo Tzong Chee，Luo Ching Hsing，et al. Ultra-wideband printed disk monopole antenna with dual-band notched functions[A]. WAMICON[C]，Dec. 2006.

[58] Liang X L，Zhong S S，Wang W. Tapered CPW-fed printed monopole antenna [J]，microwave and optical technology letters，2006，48(7)：1242 – 1244.

[59] Liang X L，Zhong S S，Wang W. Elliptical planar monopole antenna with extreme-wideband [J]. Electronics Letters，2006，41(8)：441 – 442.

[60] Lu Zhao，Cheng Li Ruan，Shi Wei Qu. A novel broad-band slot antenna fed by CPW [A]. IEEE AP-S Int. Symp [C]，9 – 14 Jul 2006，2583 – 2596.

[61] Chen Y B，Jiao Y C，et al. A novel small CPW-fed T-shaped antenna for MIMO system applications [J]. Journal of electromagnetics waves and applications，2006，20(14)：2027 – 2036.

[62] Kan H K，Rowe W S T，Abbosh A M. "Compact coplanar waveguide-fed ultra-wideband antenna，" Electronics Letters，vol. 43，no. 12，June 2007.

[63] Kim J I，Jee Y. Design of ultrawideband coplanar waveguide-fed LI-shape

planar monopole antennas [J]. IEEE antennas and wireless propagation letters, 2007, 6: 383 - 387.

[64] Chen X, Zhang W, Ma R, et al. Ultra-wideband CPW-fed antenna with round corner rectangular slot and partial circular patch [J]. IET Microw. Antennas Propag. , 2007, 1(4): 847 - 851.

[65] Nithisopa K, Nakasuwan J, Songthanapitak N, et al. Design CPW fed slot antenna for wideband applications [J]. PIERS ONLINE, 2007, 3 (7): 1124 - 1127.

[66] Sundaram A, Maddela M, Ramadoss R. Koch-fractal folded-slot antenna characteristics[J]. IEEE antennas and wireless propagation letters, 2007, 5: 219 - 222.

[67] Taguchi M, Rohadi E. Planar sleeve antenna for low-band UWB system [A]. IEEE AP-S Int. Symp [C]. 9 - 15 Jun 2007: 4773 - 4776.

[68] Jiao J J, Zhao G, Zang F S, et al. A broadband CPW-fed T-shape slot antenna [J]. Progress in electromagnetics research, 2007, 76: 237 - 242.

[69] 钟顺时, 梁仙灵, 张丽娜, 等. 阻抗带宽超过 21∶1 的印刷单极天线[J]. 上海大学学报(自然科学版), 2007, 13(4): 337 - 343.

[70] ZhongShun shi, LiangXian ling. Progress in ultra-wideband planar antennas. Journal of shanghai University (English Edition), 2007, 11 (2): 95 - 101.

[71] chen M E, Wang J H. CPW-fed crescent patch antenna for UWB applications [J]. Electronics Letters, 2008, 44(10): 505 - 506.

[72] Chen Meie, Wang Jun Hong. Planar UWB Antenna Array with CPW feeding network [A]. APMC2008[C], 2008.

[73] Xia Y Q, Duan Z G. Compact CPW-fed dual ellipses antenna for ultra-wideband system [J]. Electrons Letters, 2008, 44(9): 224 - 225.

[74] Zhao Ya Hui, Xu Jin Ping, Yin Kang. A miniature coplanar waveguide-fed ultra-wideband antenna [A]. ICMMT2008[C], 21 - 24 Apr 2008, 4: 1671 - 1674.

[75] Huang C Y, Huang S A, Yang C F. Band-notched ultra-wideband circular slot antenna with inverted C-shaped parasitic strip [J]. Electronics Letters, 2008, 44(15): 1143 - 1144.

［76］ Qing Xian Ming, Chen Zhi Ning. Compact ultra-wideband T-shaped CPW-fed monopole-like slot antenna ［A］. APMC2008［C］, 2008.

［77］ Patnam R H. Broadband CPW-fed planar Koch fractal loop antenna ［J］. Antennas and Wireless Propagation Letters, 2008, 7: 429 − 431.

［78］ Jearapraditkul P, Kueathaweekun W. Anantrasirichai, et al. Bandwidth enhancement of CPW-fed slot antenna with inset tuning stub ［A］. ISCIT2008 ［C］, 21 − 23 Oct. 2008: 14 − 17.

［79］ Purahong B, Jearapradikul P, Archevapanich, et al. CPW-fed slot antenna with inset U-strip tuning stub for wideband Control, Automation and Systems ［A］. ICCAS2008［C］, 14 − 17 Oct 2008: 1781 − 1784.

［80］ Archevapanich T, Jearapraditkul P. Puntheeranurak S, et al. CPW-fed slot antenna with inset L-strip tuning stub for ultra-wideband［A］. SICE Annual Conference ［C］, 20 − 22 Aug 2008: 3396 − 3399.

［81］ Rahardjo E T. Kitao S, Haneishi M. Circularly polarized planar antenna excited by cross-slot coupled coplanar waveguide feedline ［A］. IEEE AP-S Int. Symp, 1994: 2220 − 2223.

［82］ Soliman E A, Brebels S, Beyne E, et al. Circularly polarized aperture antenna CPW and built in MCM-D technology. Electron ［J］. Lett, 1999, 35(2): 250 − 251.

［83］ Huang C Y. A circularly polarized microstrip antenna using a coplanar-waveguide feed with an inset tuning stub ［J］. Microwave and Optical Technology Letters, 2001, 28(5): 311 − 312.

［84］ Sze Jia Yi, Wong Kin Lu, Huang Chich Chin. Coplanar waveguide-fed square slot antenna for broadband circularly polarized radiation ［J］. IEEE Trans. AP, 2003, 51(8): 2141 − 2144.

［85］ Sat H A, Cirio L, Greskowiak M, et al. Circularly polarized planar antenna excited by coplanar waveguide feedline ［J］. Electronics Letters, 2004, 40(7): 402 − 403.

［86］ Chen I Jen, Huang Chung Shao, Hsu Powen. Circularly polarized patch antenna array fed by coplanar waveguide［J］. IEEE Trans. AP, 2004, 52 (6): 1607 − 1609.

［87］ Hakim Aissat, Laurent Cirio, Marjorie Grzeskowiak, et al. Reconfigurable polarized antenna for short-range communication systems [J]. IEEE Trans. MTT, 2006, 54(6):2856 - 2863.

[88] Chen Y B, Liu X F, Jiao Y C, et al. CPW-fed broadband circularly polarized sqare slot antenna [J]. Electron lett., 2006, 42(19): 1074 - 1075.

[89] Deng I C, Chen J B, Ke Q X, et al. A circular CPW-fed slot antenna for broadband circularly polarized radiation [J]. Microw. Opt. Technol. Lett., 2007, 49(11): 2728 - 2723.

[90] Chien Jen Wang, Chia Hsien Lin, Yen Chih Lin, . A circularly polarized antenna for applications of GPS and DCS [A]. Proceedings of iWAT2008 [C], Chiba Japan, 2008: 159 - 162.

[91] Sze Jia Yi, Chang Chi Chaan. Circularly polarized square slot antenna with a pair of inverted-L grounded strips [J]. IEEE Antennas and Wireless propagation Letters, 2008, 7: 149 - 151.

[92] Sze J Y, Wang J C, Chang C C. Axial - ratio bandwidth enhancement of asymmetric-CPW - fed circularly-polarised square slot antenna [J]. Electronics Letters, 2008, 44(18): 1858 - 1859.

[93] Chang T N, Tsai G A. A wideband coplanar waveguide-fed circularly polarized antenna [J]. IET Microwaves, Antennas & Propagation, 2008, 2(4): 343 - 347.

[94] Girish Kumar, Ray K P. Broadband microstirp antennas [M]. Boston London: Artech House, 2003.

[95] Haneishi M, Yoshida S, Goto N. A broadband microstrip array composed of single-feed type circularly polarized microstrip antennas [A]. IEEE AP-S Int. Symp[C], 1982: 160 - 163.

[96] John H. A technique for an array to generate circular polarization with linearly polarized elements [J]. IEEE Trans on AP, 1986, 34(9): 1113 - 1124.

[97] Hall P S, Huang J, Rammos E. Gain of circularly polarized arrays composed of linearly polarized elements [J]. electronics letters, 1989, 25(2): 124 - 125.

[98] Hall P S, Dahele J S, James J R. Design principles of sequentially fed, wide bandwidth, circularly polarized microstrip antennas [J]. IEE

Proceedings H，1989，136(5)：381－389.

[99] Huang J. A ka-band circularly polarized high-gain microstrip array antenna [J]. IEEE Trans. on AP，1995，43(1)：113－116.

[100] Evans H，Sambell A. Wideband 2×2 sequentially rotated patch array with a series feed [J]. Microwave and Optical Technology Letters，2007，49(6)：1405－1407.

[101] Lu Y，Fang D G，Wang H A. Wideband circularly polarized 2×2 sequentially rotated patch antenna array [J]. Microwave and Optical Technology Letters，2007，49(6)：1405－1407.

[102] Jazi Mahmoud Niroo，Azarmanesh Mohammad Naghi. Experimental design of serial feed sequentially rotated 2×2 truncated corner patch antenna array [A] IEEE antennas and propagation society international symposium[C]. 2005，4：346－349.

[103] Jazi M N，Azarmanesh M N. Design and implementation of circularly polarized microstrip antenna array using a new serial feed sequentially rotated technique [J]. IEE Microwaves Antennas and Propagtion Proceedings. 2006，153(2)：133－140.

[104] Soliman E A，Brebels S，Beyne E，et al. Sequential-rotation arrays of circularly polarized aperture antennas in the MCM-D technology[J]. Microwave and Optical Technology Letters，2005，44(6)：581－585.

[105] 康锴，章文勋. 耦合渐变槽线天线及其和差波束的矩量法分析[J]. 微波学报，2006，16(1)：6－12.

[106] Laheurte J M. Uniplanar monopulse antenna based on odd/even mode excitation of coplanar line [J]. Electronics Letters，2001，37(6)：338－340.

[107] Gschwendtner E. Ultra-Broadband Car Antennas for Communications and Navigation Applications [J]. IEEE Trans on AP，2003，51(8)：2020－2027.

[108] Sugawara S，Maita Y，Adachi K，et al. A MM-Wave Tapered Slot Antenna with Improved Radiation Pattern. IEEE MTT-S IMS Dig.，Denver，1997. 959－962.

[109] Grammer W，Yngvesson K S. Coplanar waveguide transitions to slotline：design and microprobe characterization[J]. IEEE Transaction

on Microwave Theory and，1993，41(9)：1653～1658.

[110] Thinh Q Ho, Stephen M Hart. A Broad-Band Coplanar WaveguideTo Slotline Transition[J]. IEEE on Microwave and Guided Wave Letters，1992，2(10)：415～416.

[111] Ma K P, Qian Y, Itoh T. Analysis and Application of a New CPW-Slotline transition[J]. IEEE Transactions on Microwave Theory and Techniques，1999，47(4)：426 - 432.

[112] Lin Y S, Chen C H. Design modeling of twin-spiral coplanar-waveguide-to-slotline transition[J]. IEEE Transactions on Microwave Theory and Techniques，2000，48(3)：463 - 466.

[113] Lin Y S, Chen C H. Novel Lump-element uniplanar Transitions[J]. IEEE Transactions on Microwave Theory and Techniques，2001，49(12)：2322 - 2330.

[114] Ho Chien Hsun, Fan Lu, Chang Kai. New Uniplanar Coplanar Waveguide Hybrid-Ring Couplers and Magic-T's [J]. IEEE Transactions on Microwave Theory and Techniques，1994(42)：2440 - 2448.

[115] Yngvesson K S, Schaubert D H, Korzeniowski T L, et al. Endfire tapered Slot antennas on dielectric substrates[J]. IEEE Transactions on Antennaa and Propagation，1985，33(12)：1392 - 1400.

[116] Paolo Mezzanotte, Luca Roselli, Roberto Sorrentino. A Simple Way to Model Curved Metal Boundaries in FDTD Algorithm Avoiding Staircase Approximation [J]. IEEE Microwave and Guided Wave Letters，1995，5(8)：267 - 269.

[117] Nikolay Telzhensky, Yahuda Leviatan. Novel Method of UWB Antenna Optimization for Specified Input Signal Forms by Means of Genetic [J]. IEEE Trans. on AP，2006，54(8)：2216 - 2225.

[118] 胡明春，杜小辉，李建新，等.宽带宽角圆极化贴片天线的实验研究[J]. 电子学报，2002，(12)：1888 - 1890.

[119] Chang The Nan, Lin Jyun Ming, Chen Y G. A Circularly Polarized Ring-Antenna Fed by a Serially Coupled Square Slot-Ring[J]. IEEE Transactions on Antennas and Propagation，2012，60(2)：1132 - 1135.

[120] Lam Ka Yan, Luk Kwai Man, Lee Kai Fong, et al. Small Circularly Polarized U-Slot Wideband Patch Antenna[J]. IEEE Transactions on Antennas and Propagation, 2011, 10:87 – 90.

[121] Joseph R, Nakao S, Fukusako T. Circular Slot Antennas Using L-shaped Probe for Circular Polarization[J]. Progress In Electromagnetics Research 2011, 18:153 – 168.

[122] Ritesh Kumar Badhai, Nisha Gupta. Reduced Size Bow-tie Slot Monopole Antenna For Landmine Detection [J], Microwave Opt. Technol. Lett. , 2010, 52(1): 122 – 125.

[123] Wong K L. Compact and Broadband Microstrip Antennas[M]. New York, NY: Wiley, 2002, ch. 5.

[124] Chiang Meng Ju, Hung Tian Fu, Bor Sheau Shong. Dual-band Circular Slot Antenna Design For Circularly and Linearly Polarized Operations [J]. Microwave Opt. Technol. Lett. , 2010, 52(12): 2717 – 2721.

[125] Lin Tao Jiang, Shu Xi Gong, Tao Hong, et al. Broadband CPW-fed Slot Antenna With Circular Polarization[J]. Microwave Opt. Technol. Lett. , 2010, 52(9):2111 – 2114.

[126] Wang Ren. Compact 2. 4/5-GHz Dual-band Annular-Ring Slot Antenna with Circular Polarization[J], Microwave Opt. Technol. Lett. , 2010, 51: 1848 – 1852.

[127] Chang The Nan, Lin Jyun Ming, Chen Y G. A Circularly Polarized Ring-Antenna Fed by a Serially Coupled Square Slot-Ring[J]. IEEE Trans. Antennas Propagat. , 2012, 60:1132 – 1135.

[128] Yeh Shu An, Chen Hua Ming, Lin Yi Fang, et al. Circularly Polarized Crossed Dipole Antenna With Phase Delay Lines for RFID Handheld Reader[C]. AEM2C 2010 Aug. 11, 2010.

[129] Jia Yi Sze, Kin Lu Wong, Chieh Chin Huang. Coplanar Waveguide-fed Square Slot Antenna for Broadband Circularly Polarized Radiation[J]. IEEE Transactions on Antennas and Propagation, 2003, 51(8):2141 – 2144.

[130] Nasimuddin, Qing Xianming, Chen Zhi Ning. Compact Asymmetric-Slit Microstrip Antennas for Circular Polarization[J]. IEEE Transactions on

Antennas and Propagation，2011，59(1)：285－288.

[131] Javad Ghalibafan, Amir Reza Attari, Farokh Hojjat Kashani. Wideband Circularly Polarized Quasi-spiral Slot Antenna[J]. Microwave Opt. Technol. Lett. , 2010，52(9)：2081－2083.

[132] Nasimuddin, Senior, Zhi Ning Chen, et al. Asymmetric Circular Shaped Slotted Microstrip Anteanas for Circular Polarization and RFID Applications[J]. IEEE Transactions on Antennas and Propagation，2010，58(12)：3821－3827.

[133] Liang J, Guo L, Chiau C C, et al. Study of CPW-fed Circular Disc Monopole Antenna for Ultra Wideband Applications[J]. IEE Proceeding Microwave, Antennas and Propagation，2005，9(12)：520－526.

[134] Davis M E. Finite Boundary Corrections to the Coplanar Waveguide Analysis[J]. IEEE Trans. on MTT，1973，21：594－596.

[135] 刘克成，宋学成. 天线原理[M]. 长沙：国防科技大学出版社，1989.

[136] Pozar D M. Microwave Engineering[M]. 北京：电子工业出版社，2006.

[137] Lo W, Tzuang C, Peng S. Resonant Phenomena in Conductor-backed Coplanar Waveguides (CBCPW's) [J]. IEEE Trans. on MTT，1993，41：2099－2108.

[138] Majid R, Reza M A, Feng I J. Propagation Modes and Dispersion Characteristics of Coplanar Waveguides [J]，IEEE Trans on MTT，1990，38(3)：245－251.

[139] BEng T C N. Non-perforated Electromagnetic Band Gap Ground Plane [D]，Canada：A Thesis submitted to the Faculty of the Royal Military College of Canada，Jun 2005.

[140] Dussopt L, Laheurte J M. Parasitic Effects of Parallel-Plate Modes in Planar Antennas Fed By Conductor-Backed Coplanar Waveguides [A]. National Conference on Antennas and Propagation[M]，30 Mar-1 Apr，1999：363－366.

[141] Dussopt L, Giauffret L, Labeurte J M. Control of Parallel-plate Modes in Microstrip Antennas Fed by Conductor-Backed Coplanar Waveguides [J]. Int. J. RF and Microave CAE，1998，8：398－404.

[142] Ma K P, Kim J, Yang F R, et al. Leakage Suppression in Stripline

Circuits Using a 2-D Photonic Bandgap Lattice[A]. AMPC1999[C], 1999, MO1E – 6.

[143] Magerko M A, Fan L, Chang K. Multiple dielectric structures to eliminate moding problems in conductor-backed coplanar waveguide MIC's [J]. IEEE Microwave Guided Wave Lett. , 1992, 2: 257 – 259.

[144] Liu Y, Cha K, Itoh T. Nonleaky Coplanar(NLC) Waveguide With Conductor Backing [J]. IEEE Trans. on MTT, 1995, 43: 1067 – 1072.

[145] Das N K. Methods of Suppression or Avoidance of Parallel Plate Power Leakage from Conductor-Backed Transmission lines [J]. IEEE Trans on MTT, 1996, 44(2): 169 – 181.

[146] Tessmann A, Haydl W H, Neumann M, et al. W-band cascode amplifier modules for passive imaging applications [J]. IEEE Microwave Guided Wave Lett. , 2000, 10: 189 – 191.

[147] Krems T, Haydl W H, Massler H, et al. Advantages of flip-chip technology in millimeter-wave packaging [A]. IEEE MTT-S Int. Microwave Symp. Dig. [C], June 1997: 987 – 990.

[148] Lee G A, Lee H Y. Suppression of the CPW leakage in common millimeter-wave flip-chip structures [J]. IEEE Microwave Guided Wave Lett. , 1998, 11: 366 – 368.

[149] Haydl W H. On the Use of Vias in Conductor-Backed Coplanar Circuits [J]. IEEE Trans. on MTT, 2002, 50(6): 1571 – 1577.

[150] Sievenpiper D, Zhang L, Broas R, et al. High-impedance electromagnet surfaces with a forbidden frequency band [J]. IEEE Trans on MTT. , 1999, 47(11): 2059 – 2074.

[151] Yablonovitch E. Inhibited spontaneous emission in solid-state physics and electronics [J]. Phys. Rev. Lett, 1987, 58(20): 2059 – 2062.

[152] Yang F R, Ma K P, Qian Y X, et al. A Uniplanar Compact Photonic-bandgap (UC-PBG) Structure and Its Applications for Micrwave Circuits [J]. IEEE Trans. on MTT, 1999, 47(8): 1509 – 1514.

[153] Yang F R, Ma K P, Qian Y, et al. A novel TEM waveguide using uniplanar compact photonic-bandgap(UC-PBG) structure [J]. IEEE Trans. on MTT, 1999, 47(11): 2092 – 2098.

[154] 陈伟华. 计算机的电磁兼容技术研究. 西安：空军工程大学博士论文，2008.

[155] Liang G C，Lin Y W，Mei K K. Full-wave analysis of coplanar waveguide and slotline using the time-domain finite-difference method [J]. IEEE Trans. on MTT. ，1989，37(12)：1949-1957.

[156] Namiki T. Numerical simulation of antennas using three-dimensional finite-difference time-domain method [A]. High Performance Computing on the Information Superhighway，1997. HPC Asia'97[C]，1997：437-443.

[157] Ma K P，Itoh Qian. Analysis and Applications of a new CPW-Slotline Transition [J]. IEEE Trans. on MTT，1999，47(4)：426-432.

[158] Chris J Railton，Schneider B. An Analytical and Numerical Anaysis of Several Locally Conformal FDTD Schemes [J]. IEEE Trans. on MTT，1999，47(1)：56-66.

[159] 王剑，张厚，陈伟华，等. 连续旋转馈电微带天线阵的仿真[J]. 系统仿真学报，20(16)：4458-4465.